高比容电极材料
及微型超级电容器特性研究

毛喜玲 ◎ 著

电子科技大学出版社
University of Electronic Science and Technology of China Press

·成都·

图书在版编目(CIP)数据

高比容电极材料及微型超级电容器特性研究 / 毛喜玲著. -- 成都：成都电子科大出版社, 2024.12.
ISBN 978-7-5770-1364-0

Ⅰ. TM53

中国国家版本馆 CIP 数据核字第 2025YV7687 号

高比容电极材料及微型超级电容器特性研究
GAO BIRONG DIANJI CAILIAO JI WEIXING CHAOJI DIANRONGQI TEXING YANJIU

毛喜玲 著

策划编辑	谢忠明
责任编辑	谢忠明
责任校对	辜守义
责任印制	段晓静

出版发行 电子科技大学出版社
　　　　　成都市一环路东一段 159 号电子信息产业大厦九楼　邮编　610051
主　　页　www.uestcp.com.cn
服务电话　028-83203399
邮购电话　028-83201495

印　　刷　北京亚吉飞数码科技有限公司
成品尺寸　170mm×240mm
印　　张　11
字　　数　180 千字
版　　次　2024 年 12 月第 1 版
印　　次　2024 年 12 月第 1 次印刷
书　　号　ISBN 978-7-5770-1364-0
定　　价　68.00 元

版权所有,侵权必究

前　言

　　为了满足便携式电子设备、无线传感网络设备等微型电子设备在实际生活中的应用，人们迫切需要可以被集成在微型电子设备上的微能源器件。而微型超级电容器由于体积小、便于集成化、功率密度高、充放电速率快、绿色环保、免维护等特点而引起了人们的关注。虽然近十年来微型超级电容器作为一种新兴的微型储能器件，在电极材料的选择及器件结构的设计方面得到了广泛的研究，但仍面临储能密度较低、内阻较大、循环稳定性有待提高、微型化的制备工艺复杂等诸多挑战。因此，迅速开发出新型高效的微型超级电容器及其阵列器件成为微能源领域中亟待解决的难题。

　　本书针对上述提到的阻碍微型超级电容器性能提升的关键问题，首先从电极材料成分和结构的角度出发，设计出图案化的兼具高能量密度、高功率密度和长循环寿命的石墨烯基复合薄膜电极。其次，通过优化聚乙烯醇(polyvinyl alcohol,PVA)基水系凝胶电解质的黏度、离子电导率等关键参数，研究了石墨烯基复合电极材料与PVA基水系凝胶电解质的匹配关系，为制备高性能全固态微型超级电容器提供了一定的理论和技术基础。同时在上述研究的基础上利用平板电容器的串并联理论，构建了微型超级电容器阵列结构，并对阵列化微型器件的电化学行为及其实用性进行了系统的评估，具体研究内容如下。

　　1. 针对微型超级电容器制备工艺复杂、比容量普遍较低的问题，本研究采用成本低、简单可控的激光直写工艺，系统地研究了还原氧化石墨烯(Reduced graphene oxide,rGO)叉指电极材料的负载量和叉指电极的尺寸对微型超级电容器储能特性的影响，通过优化实验方案，得到最佳工艺参数。实验结果表明该方法简化了制备工艺、提高了储能效率，为微型超级电容器储能密度的提高提供了一定的理论与技术支撑。电化学测试表明：当电极材料的负载量均为 8 mg/cm^2、叉指电极的长为 8 mm、叉指电极的宽为 1 mm、指间距为 0.5 mm 时，制备的 rGO 全固态微型超级电容器具有较好的电化学性能。测试显示当电流密度由 10 μA/cm^2 增大到 30 μA/cm^2 时，器件的比容量由 2 690 μF/cm^2

降低为 1 896 μF/cm², 表明该方案对提高微型超级电容器的倍率特性具有明显的效果。

2. 为了进一步提高基于 rGO 的微型超级电容器的比容量, 本研究采用电化学聚合和激光直写工艺制备了聚(3,4-乙烯二氧噻吩)/还原氧化石墨烯(PEDOT/rGO)复合电极材料。电化学聚合的 PEDOT 纳米颗粒为复合电极引入了赝电容反应, 也为 rGO 提供了较多的接触位点, 有利于降低 rGO 片层间的团聚; 同时具有较高比表面积的 rGO 纳米片也为复合材料提供了丰富的导电通道, 提升了在电化学反应过程中电子的传输效率。研究表明, 在电流密度为 0.2 mA/cm² 时, PEDOT/rGO 电极的比容量为 43.75 mF/cm², 经过 1 000 次恒流充放电测试, 其比容量仍可以保持 83.6%。与 PVA/H_3PO_4 凝胶电解质一起组装成基于 PEDOT/rGO 复合电极的全固态微型超级电容器显示, 在电流密度为 4.2 μA/cm² 时, 微型超级电容器的比容量为 4.03 mF/cm², 经过 5 000 次恒流充放电循环后其比容量仍可保持 94.5%, 表明该微型器件具有较优异的电化学性能。

3. 为了降低 rGO 纳米片的团聚、提高其比表面积的利用率, 本研究采用嵌入异质结构扩大层间距的方法, 在 rGO 纳米片中引入高导电性的多壁碳纳米管(multi-walled carbon nanotube, MWCNT), 利用简便、高效的激光直写工艺, 设计并制备了基于 rGO/MWCNT 复合电极的微型超级电容器及其串、并联阵列器件。实验结果显示: rGO/MWCNT 电极材料在电流密度为 5 A/cm³ 时, 其比容量可达到 49.35 F/cm³, 且在经过 1 000 个循环测试后其比容量保持率为 85.5%。组装的基于 rGO/MWCNT 的全固态微型超级电容器单元器件显示, 在电流密度为 20 mA/cm³ 时的比容量为 46.60 F/cm³。此外, 本书还设计了 2 个 rGO/MWCNT 微型单元器件的串联、并联阵列结构, 并对它们进行了详细的电化学性能表征。测试结果表明: 组装的串并联阵列器件满足电容器"串联时电压加倍、容量减半, 并联时电压不变、容量加倍"规律。因此, 利用激光直写工艺定制满足负载需求的 rGO/MWCNT 微型超级电容器阵列化器件具有较好的可行性。

4. 为了降低材料的接触内阻、提高电化学反应速率, 本研究采用激光直写和气相聚合工艺构筑了高空隙率且具有三维网状结构的 rGO/PEDOT 复合电极材料, 并组装了微型超级电容器串、并联阵列器件。引入的三维网状结构不仅可以促进电解液离子扩散到电极材料内部、缩短扩散距离、提高反应过程中电荷的转移效率,也为电解液离子提供了较高的、可利用的比表面积。电化学性能测试结果显示:基于三维网状结构的 rGO/PEDOT-50 微型超级电容器具有最佳的电化学性能,在 80 mA/cm³ 时的比容量可达到 35.12 F/cm³,经过 4 000 次恒流充放电测试后,其比容量仍能保持初始值的 90.2%。同时对基于 rGO/PEDOT-50 微型超级电容器的串并联阵列器件的电化学性能进行了对比分析,发现阵列器件的电化学性能满足电容器串并联的物理规律。此外,利用微型超级电容器阵列器件与太阳能电池一起组装成能量采集与储存一体的自供能器件,并成功点亮了 LED 灯。而且即使阵列器件处于弯曲状态也仍可以正常工作,证明了本书组装的微型超级电容器阵列器件在柔性可穿戴电子领域具有良好的应用前景。

5. 为了进一步提高电极材料的储能特性,本研究采用简单可控的水热法及热退火工艺在制备多孔 rGO 的同时原位生长具有较高赝电容特性的 Co_9S_8 纳米颗粒,并系统研究了前驱体溶液的浓度、pH 值和后处理温度对产物形貌及电化学特性的影响,最终制备出高比表面积的 Co_9S_8@S-rGO-800 分级多孔复合薄膜。电化学测试结果显示:在电流密度为 1 A/g 时,其比容量可达到 348.5 F/g,经过 5 000 次循环测试后其比容量保持率仍然高达 92.6%。这主要归因于复合材料中引入的 Co_9S_8 纳米颗粒有助于降低 rGO 纳米片的团聚、贡献较多的赝电容反应,同时具有分级多孔结构的 S-rGO 纳米片作为复合材料的三维导电骨架,不仅可以为 Co_9S_8 纳米颗粒的生长提供丰富的附着位点,而且也利于提高电化学反应效率。此外,以 Co_9S_8@S-rGO-800 为正极材料、活性炭(active carbon,AC)为负极材料,以及 PVA/KOH 作凝胶电解质一起组装了 Co_9S_8@S-rGO-800//AC 全固态柔性非对称型超级电容器。当电流密度为 1 A/g 时,非对称器件的能量密度为 39.5 W·h·kg,其功率密度为 260 W/kg。经过 5 000 次循环测试后,器件的比容量可保持为初始值的 90.6%。以上实验结果表明组装的 Co_9S_8@S-rGO-800//AC 全固态非对称型超级电容器具有优异的循环稳定性、机械柔韧性和较好的储能特性。

本书力求从超级电容器电极材料的微观形貌与储能特性的角度为读者阐释电化学储能领域常见的科学问题及相关储能机理,分析材料结构-性能之间的映射关系,研究内容具有较强的可读性。相信本书能够为我国电化学储能领域的本科生、研究生、科研工作者及工程技术人员提供有益参考。

  本书的相关素材均来自前沿科学和一线科研成果，并融合笔者十年来从事电化学储能领域研究的心得体会。真诚地感谢徐建华教授、杨亚杰研究员、蒋亚东教授等老师对本书撰写提出的宝贵建议及科研支持，感谢刘豪、杨文耀、太慧玲、李伟、谢光忠、李世彬、王洪、赵月涛、何鑫、周榆久、查小婷、涂丹、彭田军、刘威岑、张成光、李成维、陈富佳、石柳蔚、杨雨萌、郭继民、孙松、武兆堃等老师和同学对本书内容的有益探讨。感谢国家自然科学基金青年基金项目和中北大学人才项目的长期资助和支持。

  超级电容器电化学储能领域的研究涉及面广，且正处于快速发展的时期，由于本人水平有限，书中难免有不当或不妥之处，恳请广大读者不吝批评指正。

目　录

第一章　绪论 ·· 1
  1.1　微型超级电容器发展概述 ··· 1
  1.2　微型超级电容器工作原理及分类 ······································ 3
  1.3　微型超级电容器电极材料 ··· 7
  1.4　微型超级电容器结构类型 ·· 12
  1.5　微型超级电容器的制备工艺 ··· 13
  1.6　研究选题依据及主要研究工作 ·· 18

第二章　实验测试表征方法 ·· 21
  2.1　电极材料的表征方法 ·· 21
  2.2　电化学性能评价标准 ·· 22
  2.3　本章小节 ·· 27

第三章　基于 rGO 薄膜电极微型超级电容器组装及储能特性研究 ······ 28
  3.1　实验原材料及相关设备 ··· 29
  3.2　rGO 薄膜电极制备 ·· 30
  3.3　rGO 薄膜电极形貌表征与结构分析 ································· 31
  3.4　基于 rGO 薄膜微型超级电容器组装 ································ 33
  3.5　基于 rGO 薄膜微型超级电容器电化学性能测试 ················· 34
  3.6　本章小结 ·· 41

第四章　基于 PEDOT/rGO 复合电极微型超级电容器
       组装及其储能特性研究 ·· 43
  4.1　实验原材料及相关设备 ··· 44
  4.2　PEDOT/rGO 复合电极制备 ·· 45
  4.3　PEDOT/rGO 复合电极形貌表征与结构分析 ······················ 46

4.4 PEDOT/rGO 复合电极的电化学性能测试 ·················· 51
4.5 基于 PEDOT/rGO 复合电极微型超级电容器组装 ·············· 55
4.6 基于 PEDOT/rGO 复合电极微型超级电容器电化学性能测试 ······· 55
4.7 本章小结 ··· 57

第五章 基于 rGO/MWCNT 复合电极微型超级电容器
组装及其储能特性研究 ···································· 59
5.1 实验原材料及相关设备 ································· 60
5.2 rGO/MWCNT 复合电极制备 ····························· 61
5.3 rGO/MWCNT 复合电极形貌表征与结构分析 ················ 62
5.4 rGO/MWCNT 复合电极的电化学性能测试 ·················· 65
5.5 基于 rGO/MWCNT 复合电极微型超级电容器阵列组装 ········· 68
5.6 基于 rGO/MWCNT 复合电极微型超级电容器电化学性能测试 ···· 69
5.7 本章小结 ··· 73

第六章 基于三维网状 rGO/PEDOT 复合电极微型超级
电容器组装及其储能特性研究 ······························· 75
6.1 实验原材料及相关设备 ································· 76
6.2 三维网状 rGO/PEDOT 复合电极制备 ····················· 77
6.3 三维网状 rGO/PEDOT 复合电极形貌表征与结构分析 ········· 79
6.4 基于三维网状 rGO/PEDOT 复合电极微型超级
    电容器阵列组装 ······································· 83
6.5 基于三维网状 rGO/PEDOT 复合电极微型
    超级电容器电化学性能测试 ····························· 83
6.6 本章小结 ··· 92

第七章 Co_9S_8@S-rGO 分级多孔复合薄膜制备及其储能特性研究 ······ 94
7.1 实验原材料及相关设备 ································· 95
7.2 前驱体浓度对 Co_9S_8@S-rGO 分级多孔复合薄膜
    电化学性能影响 ······································· 96

7.3 前驱体 pH 值对 Co_9S_8@S – rGO 分级多孔复合
    薄膜电化学性能影响 ················· 105
7.4 后处理温度对 Co_9S_8@S – rGO 分级多孔复合
    薄膜电化学性能影响 ················· 112
7.5 全固态柔性超级电容器组装及储能特性研究 ········ 131
7.6 本章小结 ························ 138

第八章　总结与展望 ···················· 140
  8.1 本研究工作总结 ··················· 140
  8.2 本研究创新点 ···················· 143
  8.3 前景展望 ······················ 144

参考文献 ························· 145

第一章 绪 论

随着电子产品向微型化、高可靠性和便携式方向不断发展,各种消费类电子如掌上电脑、数码相机、智能手环、3D眼镜等因小巧便捷的特点而受到人们的青睐,为了保证这些微型电子器件的正常工作,人们迫切需要可以被集成在微型电子设备上的微能源器件。目前研究的微型储能器件包括微电池和微型超级电容器,微电池[1-2]由于具有污染性大(大多为有机电解液难以降解)、有安全隐患(锂电池的自然现象)、使用寿命短(充放电次数仅约为1 000次)、功率密度低、充放电过程复杂等缺点而限制了其在微能源器件领域尤其是在生物传感器、可植入式医疗设备中的应用。而利用凝胶电解质组装的微型超级电容器不仅可以避免电解质的泄漏、提高了器件的安全性,而且能提供较长的使用寿命(其理论充放电次数大于10^5次)、较高的功率密度[3]。因此,具有体积小、便于集成化、功率密度高、使用寿命长、绿色环保、免维护等特点的微型超级电容器作为微储能单元引起了人们的广泛关注。但是目前微型超级电容器提供的能量密度较低,不能满足微型电子设备长时间持续稳定工作的需求,因此,开发出高能量密度的微型超级电容器是它被广泛应用的关键。

1.1 微型超级电容器发展概述

早期的电容器主要是陶瓷电容、薄膜电容或铝电解电容,直到19世纪德国物理学家亥姆霍兹Helmholtz首次提出双电层模型,研究者基于界面双电层理论设计了双电层超级电容器,后来经过众多研究者的不断探索并根据实际应用需求,超级电容器的结构和尺寸也在不断变化。尤其是近年来随着微型化和自供能电子设备的快速发展,人们迫切需要能与之匹配的微能源器件,以保证这些便携式电子设备长时间持续、稳定地工作[4]。平面微型超级电容器(micro-supercapacitors,MSCs)由于尺寸较小、功率密度高、循环寿命长、可嵌入及较好的倍率特性而备受关注,并且随着微细加工技术的不断发展，这些微型超级电容器作为主电源或备用电源可以方便地集成在微型电子设备或可穿戴织物上[5]。

微型超级电容器发展的时间轴如图 1-1 所示，2001 年，Lim 等[6]采用 RuO_2 多孔薄膜电极材料与 LiPON 固体电解质一起组装了三明治结构的全固态微型超级电容器，其工作电压窗口可拓展到 0~2 V，由于固体电解质的电导率较低，测得微型器件的比容量仅为 38 mF/cm^2，且经过 500 次循环测试后容量保持率仅为 53%。为了进一步提高微型超级电容器的能量/功率密度，国内外许多研究者开始尝试通过调整制备工艺、优化器件结构、提高固态电解质的电导率、改善电极材料与电解液的匹配性等方式相继开展大量的研究工作。2003 年，Sung 等[7]采用光刻和电聚合工艺制备了基于 PPy 电极的平面叉指型微型超级电容器，其工作电压窗口为 0.6 V，在 0.1 M H_3PO_4 水系电解液中测得的器件比容量仅为 1.6~14 mF。2010 年，Pech 等[8]在金叉指电极上采用电泳沉积工艺制备洋葱碳作活性材料组装平面微型超级电容器，在 1 M Et_4NBF_4/propylene carbonate 电解液中测试结果表明，当扫描速率为 100 V/s 时器件的比容量可高达 0.9 mF/cm^2，而当时报道的双电层电容器件在 1~100 V/s 时的比容量为 0.4~2 mF/cm^2。2014 年，Liu 等[9]采用丝网印刷工艺制备了 N-rGO 平面叉指型电极材料，并和 PVA/H_2SO_4 凝胶电解质一起组装成全固态微型超级电容器。电化学性能测试结果显示当电流密度为 20 μ/cm^2、50 μ/cm^2、100 μ/cm^2、200 μ/cm^2 和 500 μ/cm^2 时，对应的比容量分别为 3.4 mF/cm^2、2.4 mF/cm^2、1.9 mF/cm^2、1.0 mF/cm^2 和 0.4 mF/cm^2，并且经过 2 000 次循环测试后其比容量仍可以保持 98.4%，表明该微型器件具有较好的比容量和

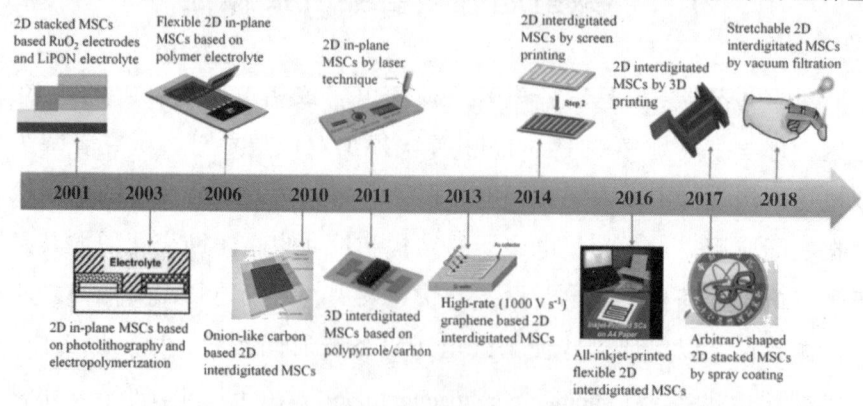

图 1-1 平面微型超级电容器发展简介[11]

循环稳定性。2018 年，Xiao 等[10]利用抽滤工艺得到 graphene/carbon nanotube/cross-linked PH1 000 film(GCP)平面叉指电极再转移到柔性基底上，并和 PVA/H_3PO_4一起组装成 3 个平面微型超级电容器串联的阵列结构，测得其最高比容量可达 107.5 mF/cm^2，并且经过 8 000 次循环测试后比容量保持率仍可高达 93.2%，实验结果表明可以根据负载对输出功率、输出电压或电流的需求，方便快捷地调整微型超级电容器串联/并联阵列结构。

1.2 微型超级电容器工作原理及分类

微型超级电容器是一类器件尺寸较小的超级电容器，它们具有相同的工作原理。超级电容器(supercapacitor)又称为"电化学电容器"(electrochemical capacitor)，它是一种介于电池与传统平板电容器之间的新型储能器件。超级电容器的界面储能比电池材料在体相内进行可逆的氧化还原反应需要的时间短，因此，超级电容器具有更高的功率密度。此外，传统平板电容器是在两个电极之间夹一层不导电的电介质组成，当在两端施加一个电压时，由于静电感应，在电极上会感应出等量异号的电荷进行静电储能。当两端加上负载后，由于是静电储能不需要化学反应过程，因此可以瞬间产生高功率；但极板间距 d 较大，由平板电容的公式(1-1)可知它具有较低的能量密度。

$$C = \frac{\varepsilon_r \varepsilon_0 A}{d} \qquad (1-1)$$

式中：ε_r 表示电介质的介电常数，ε_0 表示真空介电常数，d 表示平板的间距，A 表示平行极板相对的有效面积。

而超级电容器是在电极与电解液的界面处储存电荷，当对超级电容器充电时，电解液中的阳离子会在电场作用下向负极移动而阴离子向正极移动，在电极与电解液的界面处均形成了类似于平板电容的电荷层，因此一个超级电容器相当于两个平板电容的串联[12]（如图 1-2 所示），并且电极材料具有较高的比表面积、较小的电荷层间距 d。因此，与平板电容器相比，超级电容器具有更高的能量密度。

超级电容器主要由四部分构成分别为电极材料、电解液、集流体和隔膜，并且依据电极材料的储能机理可以把超级电容器分为两类：双电层超级电容器

(electric double layer capacitor，EDLC)和法拉第赝电容超级电容器(pseudocapacitor)又称为"氧化还原型超级电容器"。

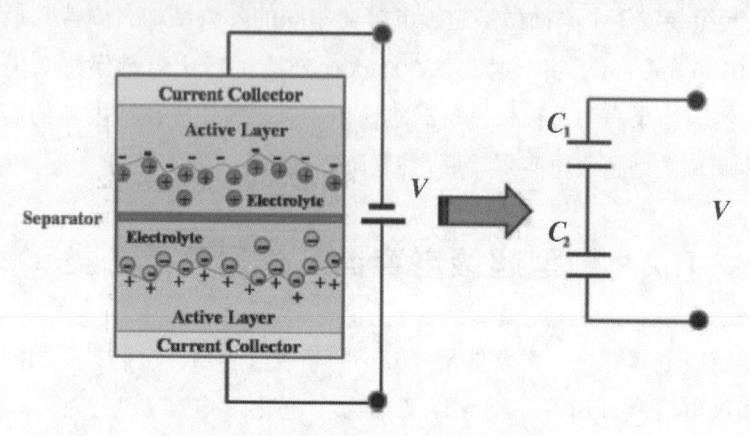

图 1-2 超级电容器典型结构示意图[12]

1.2.1 双电层超级电容器

双电层模型是 19 世纪由德国物理学家 Helmholtz 首次提出的，他指出由于静电作用在电极与电解液的界面处，会形成两层带等量相反电荷的紧密电荷层，这个双电层的间距 d 约为一个原子的直径大小(如图 1-3(a)所示)。随着研究的深入进行，许多研究者发现由于热运动的作用，在电极与电解液的界面处无法形成紧密的双电层。因此 Gouy 和 Chapman 在 Helmholtz 模型的基础上提出了 Gouy – Chapman 模型，认为电解液中的阴/阳离子在热运动的作用下是连续分布在一个区域内的，定义为扩散层(如图 1-3(b)所示)。

但后来的研究发现利用 Gouy – Chapman 模型，当电解液中的离子距离电极界面很近时，会高估产生的双电层电容的容量。针对上述出现的问题，Stern 提出双电层应该是由 Helmholtz 模型的紧密层和 Gouy – Chapman 模型的扩散层两部分组成，被定义为 Stern 模型(如图 1-3(c)所示)。之后 Stern 模型的紧密层又被细分为内部亥姆霍兹平面(inner Helmholz plane，IHP)和外部亥姆霍兹平面(outer Helmholz plane，OHP)。其中，IHP 是指靠近界面处的未溶剂化的、特性吸附离子所在区域(通常为阴离子)，OHP 是指已溶剂化的、非特性吸附离子所在区域，OHP 也是扩散层开始的平面。d 是 Helmholtz 模型描述的双电层的间距(d 为 2~10 Å)，φ_0 和 φ 分别是电极表面和电极与电解液界面处的电势。因此，双电层电容 C_{dl} 是由 Helmholtz 模型引起的电容 C_H 和扩散层电容 C_{diff} 共同构成的，其表达式如下[13]：

$$\frac{1}{C_{dl}} = \frac{1}{C_H} + \frac{1}{C_{diff}} \quad (1-2)$$

由上述双电层模型可知，双电层电容器是在电极与电解液离子的界面处，通过静电吸附作用使得正负电荷发生分离，产生等量异号的电荷层以储存能量，类似于传统的平板电容，是一个简单的物理储能过程。由于这个过程中没有电荷的转移即不发生氧化还原反应，因此在界面处有较快的吸附/解吸附过程，且不会破坏电极材料的微观结构，使得双电层电容器具有较快的功率密度和较长的循环寿命。此外，由公式(1-1)可知双电层电容器的比电容主要取决于电极材料的比表面积及双电层的厚度，因此增大电解液离子可接触的比表面积可以提高电极与电解液界面处吸附的电荷量，即增加电极材料储存电荷的能力，所以具有多孔/高比表面积的石墨烯、碳纳米管、气凝胶、活性炭等碳基材料是较理想的双电容电极材料。

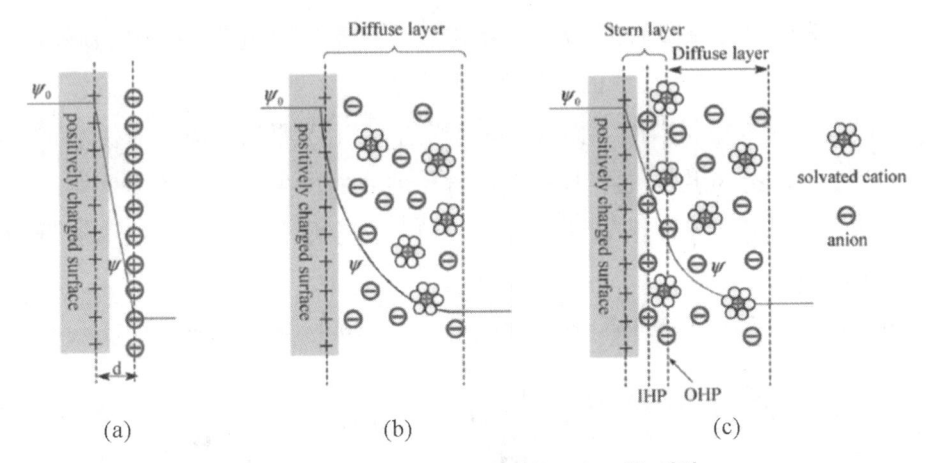

图 1-3 带正电荷电极表面的双电层模型[13]
(a) Helmholtz 模型 (b) Gouy-Chapman 模型 (c) Stern 模型

1.2.2 法拉第赝电容超级电容器

法拉第赝电容储能原理是由 B. E. Conway 首次提出的，是指在电极材料二维/准二维空间发生高度可逆的氧化还原反应或化学吸附/脱附来储存电荷，在这个过程中会发生电荷的转移，并且反应过程中电极材料只在特定的电位区间才发生氧化还原反应,即比电容是一个与电势相关的变量。而对于理想的双电层电容是通过静电吸附储存电荷的,由于没有氧化还原反应发生,所以其比容量与电势无关。

B. E. Conway 把法拉第赝电容储能机理分为三类[14]:欠电位沉积;氧化还原型赝电容;插层式赝电容,如图 1-4 所示。其中,欠电位沉积是指溶液中的金属离子在另一种金属表面得到电子形成单层吸附层的过程。氧化还原型赝电容是指电解液中的离子电化学吸附到电极材料的表面或近表面区域,同时伴随着电荷的转移。插层式赝电容是指溶液中的离子可以插入隧道状或层状材料内部,进而发生氧化还原反应的过程,并且在此过程中电极材料不会发生相变。尽管上述三种赝电容储能机理不尽相同,但之所以都归纳为赝电容过程是因为它们的电荷转移过程都遵循相同的公式:

$$E = E^0 - \frac{RT}{nF}\ln\left(\frac{X}{1-X}\right) \qquad (1-3)$$

式中:E 为电极材料的电位,R 为理想气体常数,T 为温度,n 为电荷数,F 为法拉第常数,X 是表面或内部孔道所占的比例。

赝电容在电极材料的表面或近表面发生氧化还原反应时会有大量的电荷转移,而对于双电层电容只在电极材料的表面发生物理的静电吸附形成一层电荷层,因此赝电容超级电容器的单位比容量是双电层超级电容器的 10~100 倍[15]。

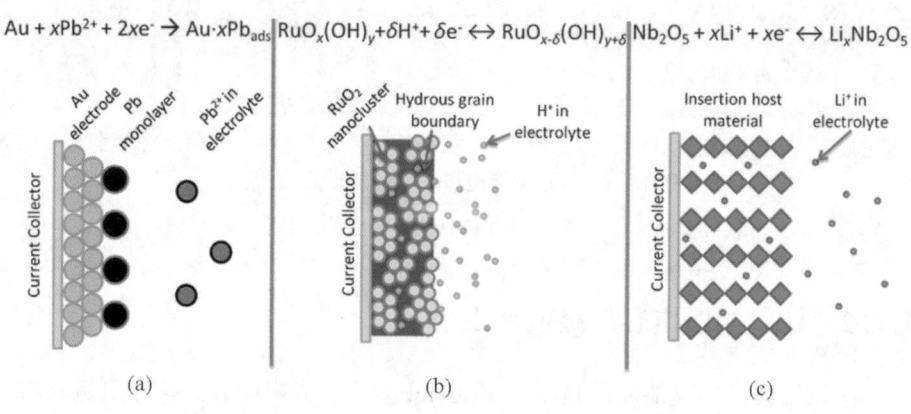

图 1-4 法拉第赝电容储能机理[14]

(a)欠电位沉积 (b)氧化还原型赝电容 (c)插层式赝电容

1.3 微型超级电容器电极材料

与传统的超级电容器一样，微型超级电容器储能大小也主要由电极材料的成分和电极结构共同决定的，因此，在有限空间尺寸内，设计具有高比表面积、高电导率的新型电极材料是提高微型超级电容器电化学性能的重点和难点。根据储能机理的不同可以把微型超级电容器常用的电极材料分为三类：碳基电极材料、导电聚合物和过渡金属化合物电极材料。

1.3.1 碳基电极材料

碳基材料作为典型的双电层电容电极材料由于具有低成本、易加工、导电性好、比表面积高的优点而成为研究的热点。目前常被用于制备微型超级电容器的典型的碳材料包括活性炭、碳化物衍生碳、石墨烯、碳纳米管、碳纤维等双电层电容材料。

活性炭一般采用热处理或化学活化制备，并且由于具有原材料廉价易得、较高的比表面积（500～3 000 m²/g）、较好的电化学稳定性、孔隙率可调的特点而成为使用最广泛的电极材料之一，也是目前商用超级电容器常采用的电极材料[16-17]。活性炭[18]（孔径分布为 0.9～1.5 nm）作为电极材料被用于传统的超级电容器时，在碱性电解液中的质量比容量为 27.9～400 F/g，其面积比容量为 11～46 mF/cm²，但活性炭被用于微型超级电容器中的报道相对较少。Pech 等[8]采用电泳沉积活性炭的方法制备了微型超级电容器器件结构，在 1 mol/L 的 Et₄NBF₄ 有机电解液中，其比容量低于 5 mF/cm²，表明制备的微型器件具有较低的面积比容量。Shen 等[19]报道了一种利用光刻技术以活性炭为电极材料来制备硅基微型超级电容器。在 1 mol/L NaNO₃ 水系电解液中测试显示，当扫描速率为 50 mV/s 时，由 CV 曲线计算其比容量最高达到 90.7 mF/cm²，制备的活性炭电极具有较好的电化学特性。Beidaghi 等[20]先利用光刻胶制备二维平面叉指电极，再经过 1 000 ℃ 碳化处理得到以活性炭为电极材料的微型超级电容器。在 5 mV/s 时测得的比容量为 75 mF/cm²，经过 1 000 次循环测试后比容量仍可保留 87%。Gogotsi 及所在团队[21]利用溅射沉积、氯化作用把 TiC 薄膜制备成导电、多孔的 CDC（carbide-derived carbon）薄膜，再利用干法刻蚀法制备成平面叉指型微型超级电器,在有机电解液中进行电化学测试,显示其比容量达到 180 F/cm³;用 1 mol/L 的 H_3PO_4 作电解液测试时,在 20 mV/s 的扫描速率下测得的比容量为 160 F/cm³。

石墨烯作为一种研究较多的二维材料,因具有较大的比表面积(2 630 m²/g)、良好的导电性及优异的化学稳定性等优点而作为碳基电极材料被广泛应用于微型超级电容器领域[22]。常用的制备石墨烯的方法包括 CVD 生长[23]、液相剥离[24]、电化学剥离[25]、化学还原法[26]等,但制备过程中常常需要昂贵的仪器、有毒有害的试剂或复杂的制备步骤,使得这些制备工艺不能被广泛应用。此外,在石墨烯相关材料中,还原氧化石墨烯(rGO)由于制备工艺简单、原材料廉价易得、具有较多的电化学缺陷位点而成为最常用的制备微型超级电容器的电极材料[27-29]。El–Kady 等人[30]利用激光直写工艺制备的平面叉指型全固态微型超级电容器,表现出 80.7 μF/cm² 的比容量,功率密度为 495 W/cm³,能量密度为 2.5 mW·h/cm³。该工艺不仅可以制备平面叉指型微型超级电容器,还能按照需求雕刻出复杂的阵列图样,并且其基底材料完全不受限制,使其在小型化的柔性电子设备领域有很好的应用前景。王中林等[31]利用激光直写法制备基于 rGO 的平面叉指型微型超级电容器,在 0.01 V/s 扫描速率下的比容量为 8.19 mF/cm²,经 10 000 次循环后容量能保持 91%,且具有较好的倍率特性和机械柔韧性,有望作为供能单元被集成在微型可穿戴电子设备中。用石墨烯电极材料制备的超级电容器在水系、有机和离子液体中测得的比容量分别为 135 F/g、99 F/g 和 75 F/g,实验测试结果和石墨烯理论的比容量(550 F/g)相差甚远[32]。这主要是由于石墨烯片层间因范德华作用力而容易发生团聚现象,降低了石墨烯电极材料与电解液界面处可利用的比表面积,进而导致石墨烯电极材料的实际测得的比容量远低于理论值。常用的解决方案是在石墨烯片层间引入纳米颗粒或纳米片以降低团聚,同时利用不同组分间的协同效应共同提高石墨烯复合电极的比容量。El–Kady 等[33]利用激光直写法把 $GO/RuCl_3$ 前驱体复合薄膜还原为平面叉指型的 rGO/RuO_2 叉指电极结构。该方法制备的微型超级电容器比容量为 1 139 F/g,能量密度为 55.3 W·h/kg,由于它无需黏接剂和集流体使得器件的内阻较小、循环稳定性好、能量密度较高。

碳纳米管或碳纤维是一种新型的一维碳基电极材料,其中碳纳米管(CNTs)又分为单壁碳纳米管(SWCNT)和多壁碳纳米管(MWCNT),它们由于具有独特的孔隙结构、电导率高、机械柔韧性好、热稳定性高的特点而引起了人们的广泛关注[34-38]。并且具有垂直取向的 CNTs 电极材料会表现出比随机排列的 CNTs 更好的电化学性能，这是因为垂直排列的阵列结构有利于电极与电解液的接触，缩短了电解液离子的扩散距离、促进了电子的快速传输，进而提高其电化学反应效率。但由于垂直取向的 CNTs 与基底间的范德华力属于物理间的弱相互作用力，在循环测试过程中容易导致电极材料与基底的接触内阻增加、甚至直接从基底表面脱落，最终导致循环寿命的衰减。典型的解决方法就是引入导电聚合物或其他赝电容材料，不仅可以增加电极材料与基底的结合力也同时引入了赝电容，它们的协同效应有助于提高碳纳米管复合电极材料的能量密度与功率密度。Hughes 等[39]在垂直取向的 MWCNT 的表面利用电化学聚合法包覆一层聚吡咯(PPy)，得到 MWCNT-PPy 复合薄膜电极，电化学测试结果显示 MWCNT-PPy 的比容量达到 2.55 F/cm^2，而纯 PPy 的比容量仅为 0.62 F/cm^2，并且 MWCNT-PPy 的循环寿命有明显提高。Sun 等[40]采用等离子体增强化学气相沉积(PECVD)工艺，在叉指电极上制备垂直取向的碳纳米管(VACNT)，再用电化学沉积法引入 MnO$_2$ 纳米颗粒，得到基于 MnO$_2$/VACNT 复合结构的微型超级电容器。在 0.5 mol/L Na$_2$SO$_4$ 的水系电解液中测试可知，当扫描速率为 50 V/s 时，基于 MnO$_2$/VACNT 的微型超级电容器的面积比容量可达到 24.0 mF/cm^2，是纯 VACNT 微型超级电容器比容量的 40 倍，并且微型器件的循环稳定性也有所提升。

1.3.2 导电聚合物电极材料

常见的导电聚合物如聚乙烯、聚苯胺(polyaniline, PANI)、聚吡咯(polypyrrole, PPy)、聚 3,4-乙烯二氧噻吩(PEDOT)、聚噻吩(polythiophene, PTh)及其衍生物，由于具有低成本、易制备、电导率高、机械柔韧性好、低毒性的优点而被广泛应用于微型超级电容器的电极材料[41-43]。并且这些导电聚合物是单双键交替排列的 π 键共轭结构，通过聚合物分子链与电解液离子间高度可逆的掺杂/去掺杂反应来储存电荷，属于赝电容储能过程。Meng 等[44]利用光刻制备叉指图案的集流体，再在其上电化学聚合 PANI 微型叉指电极材料，和 H$_2$SO$_4$/PVA 凝胶电解质一起组装成全固态微型超级电容器，测试结果显示该微型器件在电流密度为 20 mA/cm^2 时，其比容量可达到 16.5 mF/cm^2，经过

2 000 次循环测试后比容量保持率为 87.6%。由于 EDOT 单体分子量较高而掺杂率较低,使得 PEDOT 的比容量比 PANI、PPy 的更低一些,但是 PEDOT 的 P 型掺杂在不同的电解液(水系、有机、离子液体)中都具有较高的电化学活性及较宽的电压窗口,因此 PEDOT 成为研究最多的一类导电聚合物电极材料[45]。Kurra 等[17]采用传统的光刻技术和电化学沉积法制备 PEDOT 微型超级电容器,在 1 mol/L H_2SO_4 的水系电解液中测得的最大面积比容量为 9 mF/cm^2(对应的体积比容量为 50 mF/cm^3),经过 10 000 次循环测试后其比容量仍保持 80% 且库伦效率接近 100%。

大量的研究结果表明,相对于碳基材料,PANI、PPy、PTh 及其衍生物的电导率仍然较低,制备的电极材料在水系/非水系电解液中的比容量分别为 150~190 F/g、80~100 F/g 和 78~117 F/g,单一的导电聚合物具有相对较低的比容量无法满足实际需要[46]。此外,导电聚合物电极材料在掺杂/去掺杂的过程中会引起聚合物分子链的收缩/膨胀现象,经过长时间的循环测试后聚合物分子链的结构引起不可逆的坍塌损坏,最终导致其循环稳定性的衰减。因此,许多研究者尝试引入多孔导电网络或纳米片结构以提高导电聚合物结构的稳定性及其储能特性[47-49]。Meng 等[50]采用电化学聚合法在 SWCNTs 纤维的表面沉积聚苯胺纳米线(PANINWs)制备纤维状 SWCNTs/PANINWs 复合电极,并用 PVA/H_2SO_4 凝胶电解质组装全固态微型超级电容器。在 0.2 A/g 时测得 SWCNTs/PANINWs 微型器件的比容量为 6.23 mF/cm^2,而单一 SWCNTs 微型器件的比容量仅为 0.34 mF/cm^2,并且 SWCNTs/PANINWs 微型器件经过 800 次循环测试后比容量保持率为 86%,表现出较好的循环稳定性。Sun 等[51]采用电沉积法分别制备 $PEDOT/MnO_2$ 和 C/Fe_3O_4 复合电极,并和 PVA/LiCl 凝胶电解质一起组装成全固态非对称微型超级电容器,该微型器件的工作电压窗口可以扩展到 2 V。当电流为 0.9 mA 时的比容量达到 60 mF/cm^2,对应的能量密度为 0.035 5 $mW·h/cm^2$,并且经过 800 次循环测试后容量仍保留 80%。

1.3.3 过渡化合物电极材料

过渡金属化合物如过渡金属氧化物[52-55]、氢氧化物[56-57]、硫化物[58-61]、碳氮化物[21,62]、MOFs 材料[63,64]等,因具有较高的氧化还原活性而作为赝电容电极材料被广泛应用于微型超级电容器领域。其中,RuO_2、MnO_2、NiO、Co_3

O_4、NiS、CoS_2、Co_9S_8、$NiCo_2O_4$、$NiCo_2S_4$是研究的较多的赝电容电极材料，并且许多研究都表明与单金属氧化物相比，多金属化合物的电导率、结构稳定性及可逆比容量都用明显的提升，因此多金属化合物也是一类常用的赝电容电极材料[65,66]。虽然这些过渡金属化合物具有优异的赝电容特性可以提高电极材料的比容量，但它们相对较低的电导率(与碳材料相比)及较差的循环稳定性极大地限制了在微型超级电容器中的应用。为了进一步提高过渡金属化合物电极材料的循环稳定性，一般引入具有较高比表面积的碳材料或导电聚合物以制备复合电极材料，可以利用具有高功率、长循环寿命特点的双电层电极材料和高比容的赝电容电极材料的协同作用来提高复合材料的储能特性[36,67-69]。

Lin 等[70]在 PET 基底上采用喷墨打印及电化学沉积工艺制备 MnO_2 柔性全固态微型超级电容器。当扫描速率为 5 mV/s 时微型器件的比容量为 52.9 mF/cm^2。在 180°的弯曲状态下循环测试 500 次后比容量保持率为 77.4% 且库伦效率为 80%，微型器件的循环稳定性有明显的衰减，这是因为在电化学反应过程中电解液离子在电极材料内部嵌入/脱出的过程中，引起 MnO_2 内部结构发生破坏，进而降低了微型器件的电化学性能。Zhai 等[55]采用水热反应和退火工艺制备纤维状 HGO/RuO_2 的全固态微型超级电容器。当扫描速率为 2 mV/s 时其比容量为 199 F/cm^3。该微型器件的最高能量密度可达 27.3 mW·h/cm^3(此时对应的功率密度为 147.7 mW/cm^3)，经过 10 000 次循环测试后其比容量保持率为 78.7%，而库伦效率高达 98%。Liu 等[71]利用界面交换机理以 ZnO 为牺牲模板制备三维的 MnO_2 - NiO 纳米管阵列复合电极，当电流密度为 5 mA/cm^2 时，其比容量为 0.4 F/cm^2，经过 1 500 次循环测试后比容量仍保持 87.5%，且库伦效率为 96%。Xiao 等[72]首先在碳纤维布上分别制备了 $NiCo_2S_4$ 纳米管与 $NiCo_2O_4$ 纳米棒电极结构，当电流密度为 4 mA/cm^2 时，$NiCo_2S_4$ 电极的比容量为 0.52 F/cm^2，而 $NiCo_2O_4$ 电极材料的比容量仅为 0.40 F/cm^2，电化学测试结果表明了 $NiCo_2S_4$ 电极材料具有更优异的电化学性能。之后再在 $NiCo_2S_4$ 纳米管电极的表面电化学沉积一层 $Co_xNi_{1-x}(OH)_2$ 纳米片形成 $Co_xNi_{1-x}(OH)_2/NiCo_2S_4$ 复合电极结构，当电流密度为 4 mA/cm^2 时，测得的比容量高达 2.86 F/cm^2，并且经 2 000 次的循环测试后比容量保持率为 96%。这是因为具有较高电导率的 $NiCo_2S_4$ 纳米管在复合电极材料中不仅提供了三维导电通道促进电子的快速转移、提高电极与电解液的接触面积，同时作为赝电容材料也极大地提高了复合材料的比容量。

1.4 微型超级电容器结构类型

根据微型电极结构的排列可以把微型超级电容器分为三类：传统的"三明治"型、二维平面叉指型和三维平面叉指型，其结构示意图如图 1-5 所示[11]。其中，传统的"三明治"型结构是在两电极之间夹一层浸有电解液的隔膜，适用于大多数电活性材料及具有低成本高收益的大规模生产中。但是这种电极结构的微型器件在实际使用过程中会因外部撞击而容易发生短路，不能精确控制两电极之间的距离，并且电解液离子只能在电极材料内部的一维方向上移动，较大的离子扩散阻力会增加器件的接触内阻、降低电化学反应效率，进而导致器件性能的衰减(离子传输路径如图 1-6(a)所示)。二维或三维平面叉指型电极结构都排列在同一平面内，由于叉指电极的间距是固定的、不需要隔膜，不仅可以降低电解液离子的传输阻力、简化器件结构、提高器件功率密度，同时也使其适合作为微能源器件被集成在柔性化电子设备上。而且电解液

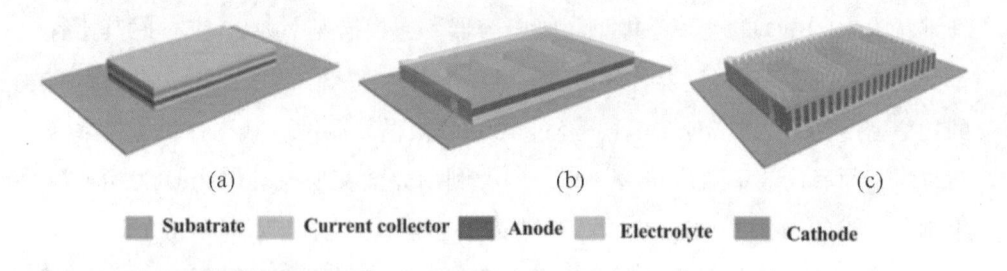

图 1-5 平面微型超级电容器结构示意图[11]
(a) 传统的"三明治"型结构 (b) 二维平面叉指型结构 (c) 三维平面叉指型结构

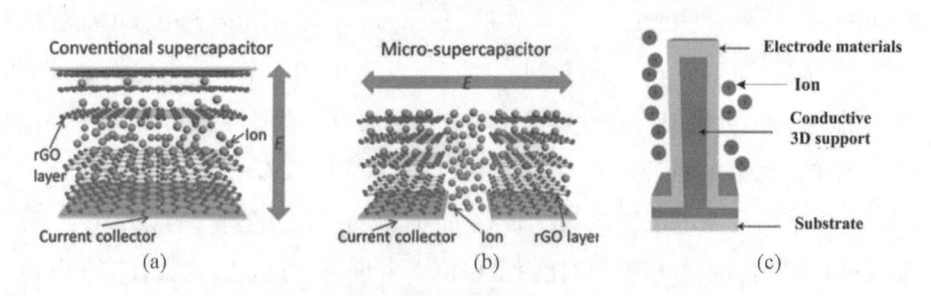

图 1-6 平面微型超级电容器离子传输路径示意图[3,73]
(a) 传统的"三明治"型结构 (b) 二维平面叉指型 (c) 三维平面叉指型

离子可以在二维/三维平面内自由传输[离子传输路径如图1-6(b)和(c)所示]有利于缩短电解液离子的扩散距离、增大电极材料与电解液的接触面积、提高器件的功率密度,使得平面叉指型微型超级电容器成为微型储能器件领域研究的热点[3,73]。

1.5 微型超级电容器的制备工艺

目前,对微型超级电容器的研究大多还停留在实验室阶段而很少实现商业化,并且微型超级电容器的制备工艺与整体性能将决定它们能否作为微能源器件被广泛应用于微型电子领域。而常用的制备微型超级电容器的策略可分为两类:第一类是直接利用牺牲模板法来制备图案化的电极结构;第二类是先制备活性电极材料再得到图案化的电极结构。因此,本节综述了常用的制备平面微型超级电容器的方法,通过分析它们的优点/缺点,寻找简单高效、方便操作的实验方案以制备满足需求的高性能微型超级电容器及其集成器件[3]。

1.5.1 光刻工艺

光刻工艺(photolithography)是利用光刻胶和刻蚀的方法制备平面叉指型的电极结构,制备过程简单、成本低、分辨率高是一种广泛应用于制备微型超级电容器的方法。Beidaghi等[74]先制备Ti/Au叉指电极作为集流体,再利用光刻工艺制备图案化的光刻胶作为牺牲模板,在其上通过静电喷涂沉积氧化石墨烯和碳纳米管(GO/CNT)薄膜后再去除光刻胶即可(如图1-7所示),制备的微型超级电容器比电容为6.1 mF/cm^2。此外,也可以先采用光刻工艺制备叉指型的集流体,再在其上利用电泳沉积[8]或电化学聚合法[7]沉积一层活性电极材料,进而制备成平面叉指型的电极结构。通过对图案化的光刻胶进行碳化处理也可以得到平面叉指型的多孔碳电极材料。Wang等[75]先利用光刻工艺制备叉指型的光刻胶,再通过碳化处理得到高比表面积的多孔碳电极,并与离子凝胶电解质一起组装的全固态微型超级电容器的最高能量密度为3 mW·h/cm^3,高于商用的锂离子薄膜电池。然而,在实验过程中作为牺牲模板的光刻胶必须在缓冲液中去除、或者需要高温碳化处理,这些实验条件极大地限制了光刻技术在微型电子设备芯片集成领域的应用[3]。

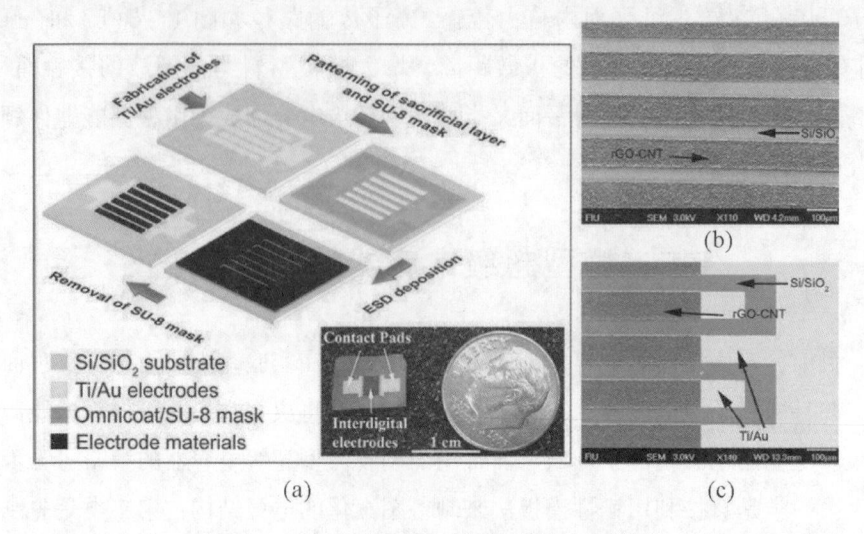

图 1−7　微型超级电容器制备流程图[74]

(a) 微型超级电容器的制作过程示意图（附图为制作好的器件的数码照片）

(b−c) rGO−CNT 叉指电极的 SEM 俯视图

1.5.2　直流溅射法

2016 年，Huang 等[76]利用直流磁控溅射(DC magnetron sputtering)在具有氧化物的硅膜上沉积 TiC 涂层，利用氯化作用把 TiC 薄膜制备成导电、多孔的 CDC(carbide-derived carbon)薄膜，并利用干法刻蚀法制备成平面叉指型微型超级电器(如图 1−8)。在 1 mol/L 的 H_2SO_4 水系电解液中进行电化学测试，显示其比容量达到 180 mF/cm^2 (300 F/cm^3)。该工艺制备的微型超级电容器与当前的微细加工及硅基器件技术都具有较好的兼容性，有望被应用于在柔性或可穿戴电子领域。

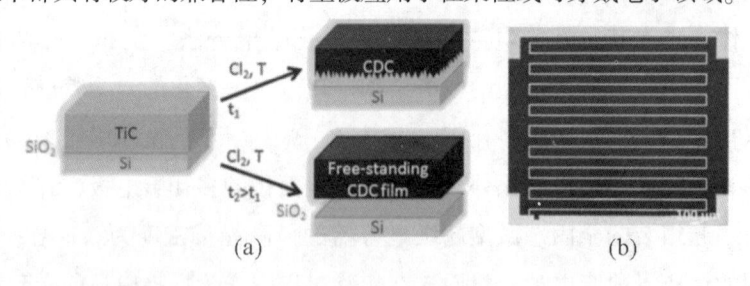

图 1−8　利用直流磁控溅射制备微型超级电容器示意图[76]

(a) 在 Si 晶片上的 TiC 膜的氯化，右上是膜的部分氯化会形成 TiC/CDC 层状结构，右下是完全氯化形成 CDC 膜　(b) 氯化后的微型超级电容器的光学照片(俯视图)

1.5.3 喷墨打印法

喷墨打印(inkjet printing)是一种使用商用喷墨打印机,可以在各种衬底上精确制备叉指电极的方法,并且油墨的表面张力、黏度及目标材料的颗粒大小是决定喷墨打印是否成功制备叉指电极的关键因素[3,77]。Delekta 等[24]采用喷墨打印和氧等离子体刻蚀工艺制备透明的基于石墨烯电极的平面微型超级电容器结构。测试结果显示当透光率为90%时的比容量为 16 $\mu F/cm^2$,而当透光率降低为71%时,其比容量为 99 $\mu F/cm^2$。因此采用喷墨打印法组装的微型超级电容器有望作为能量储存系统被集成在驱动传感器或太阳能电池上。Choi 等[77]采用了一种商用的桌面喷墨打印机在 A4 纸上很方便地打印出基于 SWCNT/AC/AgNWs 的柔性叉指型的电极结构,与三丙烯酸酯聚合物电解质一起在紫外线固化的作用下组装成全固态柔性微型超级电容器(如图 1-9 所示)。由于喷墨打印可以用电脑精确控制电极的图案,也可以根据负载对输出电压或电流的需求定制出合适的微型超级电容器串联/并联阵列结构,因此利用喷墨打印法制备的全固态柔性微型超级电容器在与其他喷墨打印制备的电子元器件或可穿戴电子的集成领域具有较好的应用潜力。

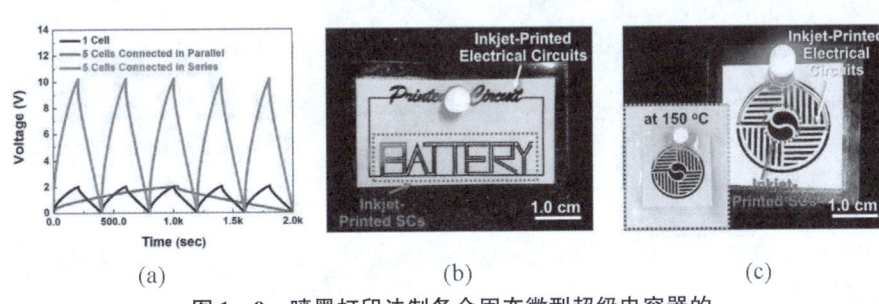

图 1-9 喷墨打印法制备全固态微型超级电容器的
流程示意图及其电化学性能表征[77]
(a) 串联/并联 MSC 的恒流充放电曲线
(b) 与喷墨印刷电路和 LED 灯连接的"BATTERY"形状的 MSC 照片
(c) 与喷墨印刷电路和 LED 灯连接的"太极"符号 MSC 照片

1.5.4 印刷工艺

印刷工艺(printing technique)是利用掩膜版得到叉指型电极结构,常用的有丝网印刷、喷涂印刷等。该制备工艺设备简单、成本低廉、操作方便、对基底材料不受限、器件结构的一致性较好,因而可以方便快捷、大规模地定制图案化的电极结构。Liu 等[78]把电化学剥离的石墨烯分散液采用掩膜版+喷涂工艺在柔性 PET 基底上印制平面叉指型电极结构，组装的全固态微型超级电容器在扫描速率为 1 mV/s 时的比容量可高达 5.4 mF/cm^2，且经过 1 000 次循环测试后容量保持率为 98.5%。Shi 等[25]采用掩膜版 + 喷涂工艺在不同的基底上印制基于石墨烯/聚苯胺的平面线性串联微型超级电容器，其比容量可达 7.6 mF/cm^2，该制备过程简单可控，所制备阵列器件的性能具有较好的一致性及可扩展性。Shi 等[79]采用丝网印刷法制备基于高导电石墨烯墨水的多种图案化的电极结构，并和 PVA/H$_3$PO$_4$ 凝胶电解质一起组装全固态微型超级电容器(如图 1 – 10 所示)。电化学测试结果显示当扫描速率为 5 mV/s 时，该微型器件的比容量可达 1.0 mF/cm^2，且经过 10 000 次的循环测试后比容量仍能保持 91.8%。而且还可以根据需求定制阵列器件的输出电压或电流同时不需额外加入集流体，表明该印刷工艺在微型超级电容器领域具有较好的应用前景。

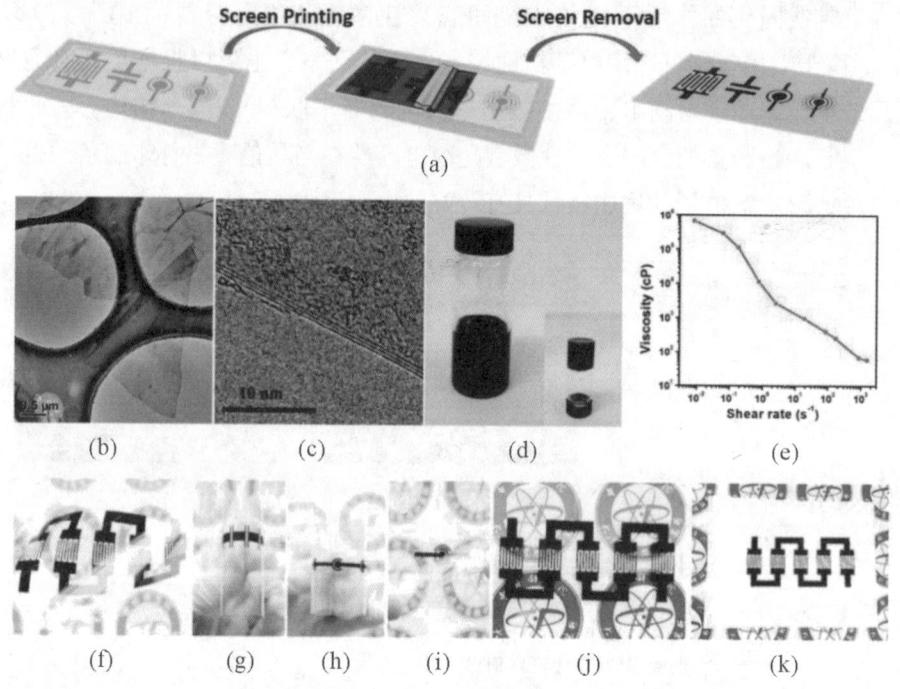

图 1 – 10　丝网印刷法制备图案化的电极结构示意图及其性能表征[79]

1.5.5　激光直写法

激光直写法(laser scribing)是一项集打印、成像与软件控制于一体的技术。用一台低价的 CD/DVD 光驱设备就可以定制出高品质的图案化电极结构。其基本原理是利用热还原效应把氧化石墨烯表面的含氧官能团去掉，进而把氧化石墨烯还原成为还原氧化石墨烯，同时制备出任何所需图案的电极形状。并且该制备方法具有低成本、易操作、简化制备流程等优点，从而使得微型超级电容器的大规模生产成为可能[80]。王中林等[31]利用激光直写法制备叉指型平面微型超级电容器，制备的微型超级电容器在 0.01 V/s 扫描速率下的比容量为 8.19 mF/cm^2，经 10 000 次循环后容量能保持 91%，且具有较好的倍率特性和机械柔韧性，有望被集成在微型可穿戴电子设备中为之供能。El – Kady 等[81]利用激光直写法制备的基于 rGO 平面叉指型电极的全固态微型超级电容器，表现出 80.7 μF/cm^2 的比容量，功率密度为 495 W/cm^3，能量密度为 2.5 mW·h/cm^3。该制备工艺不仅可以制备平面叉指型微型超级电容器，还能按照需求定制出复杂的电极图样，并且其基底材料完全不受限制，使其在小型化的柔性电子设备领域有很好的应用前景。

为了进一步提高微型超级电容器的电化学性能，El – Kady 等[82]又利用激光直写法和电化学沉积工艺制备的基于 rGO – MnO$_2$ 复合电极的平面叉指型微型超级电容器阵列，并和太阳能电池一起组装成能量收集与存储一体化器件结构(如图 1 – 11 所示)。根据沉积的 MnO$_2$ 量的不同制备的全固态微型超级电容

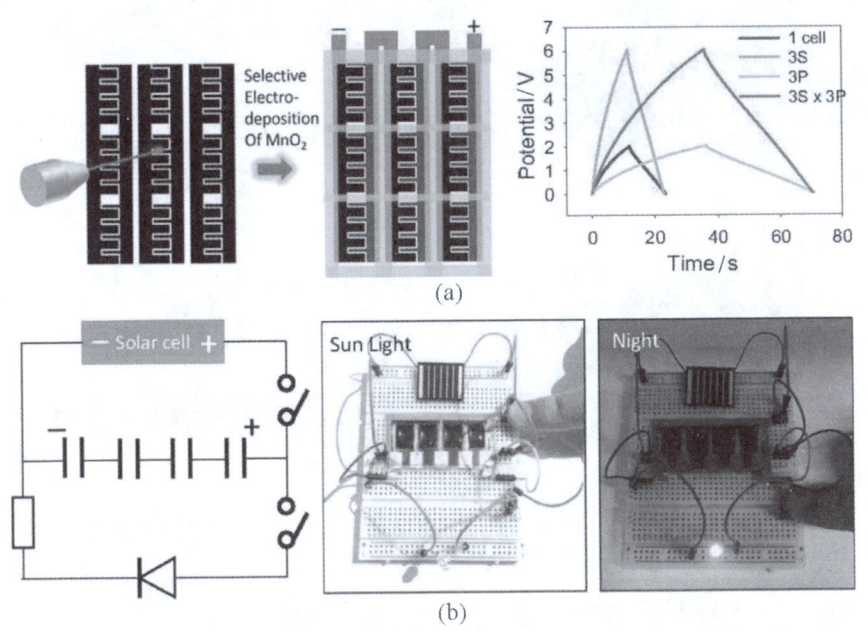

图 1 – 11 微型超级电容器阵列和太阳能电池组装的一体化器件结构[82]

(a) 由 9 个电池组成的非对称超级电容器阵列及其充放电曲线

(b) 超级电容器阵列与太阳能电池集成用于高效的太阳能收集和储存。

器能量密度为 22~42 W·h/L，其功率密度最高达 10 kW/L。Wu 等[83]先采用激光直写法在聚酰亚胺(polyimide,PI)基底上制备还原氧化石墨烯(laser scribing graphene,LSG)平面叉指型的电极结构，再在叉指电极上选择性的生长一维的 Ni-CAT MOF 纳米棒，并和 LiCl/PVA 凝胶电解质一起组装为基于 LSG/Ni-CAT MOF 复合电极的平面微型超级电容器(如图 1-12 所示)。该微型器件最高能量密度可达到 4.1 μW·h/cm^2，相应的功率密度为 7 mW/cm^2，并且经过 5 000 次的循环测试后比容量仍可以保持 87%，表明组装的 LSG/Ni-CAT MOF 平面微型超级电容器具有较好的能量/功率密度及循环稳定性。

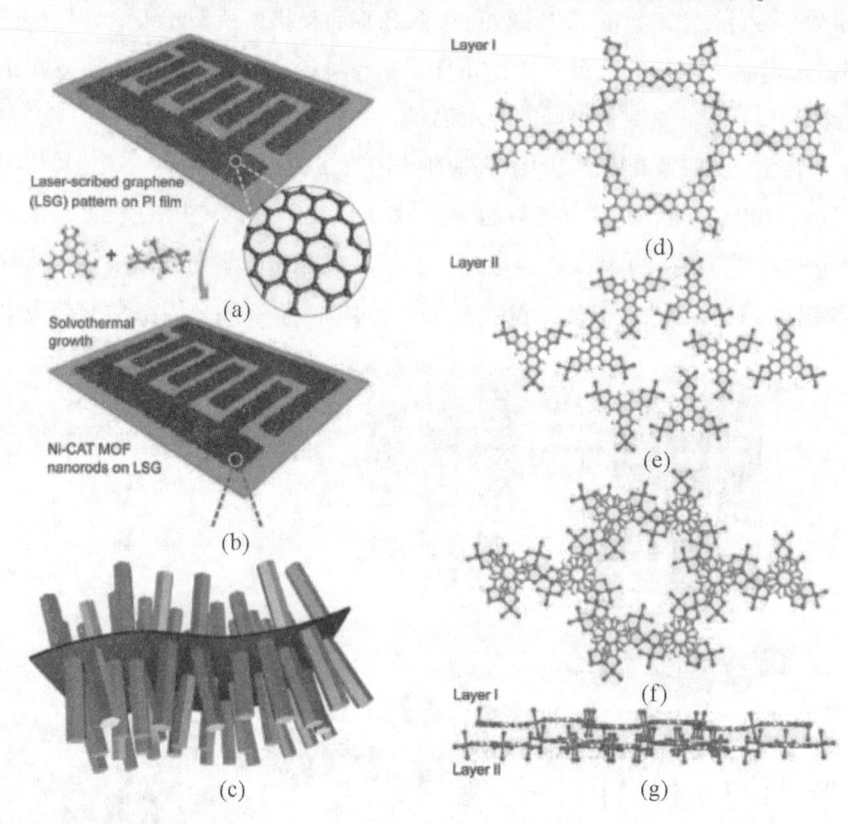

图 1-12 基于 LSG/Ni-CAT MOF 平面微型超级电容器制备流程图[83]

1.6 研究选题依据及主要研究工作

随着便携式电子设备、可植入式医疗器件及微型传感器的快速发展，迫切需要尺寸小、能量密度大、功率密度高的微型超级电容器作为微能源系统维持这些微型电子设备的正常工作[83]。国内外许多学者都在微型超级电容器领域开展了广泛的研究工作，但大多数均处于初期研究阶段，尤其是对高比容电极材料及结构的设计、制备工艺的选择、匹配性较好的凝胶电解液工艺参数优化等研究尚不成熟，目前制备的微型超级电容器还难以满足器件微型化、阵列化的需求，其实际应用前景有限。鉴于此，本书通过调控电极材料的微观结构，同时采用激光直写法、水热合成、电化学聚合及喷涂工艺，设计并制备高性能的基于石墨烯复合电极的微型超级电容器阵列器件。本书研究的主要内容如下。

第一章：介绍了超级电容器的基本工作原理及分类，综述了电极材料及微型超级电容器的研究现状、发展趋势及常用的制备工艺，最后简要概述了本书的章节内容。

第二章：详细阐述了对电极材料的形貌/成分进行表征分析时常用到的方法及电化学测试原理。

第三章：采用简单可控的激光直写工艺制备了 rGO 平面叉指型电极结构，并对其形貌、成分及电化学性能进行了详细的表征分析。同时通过叉指电极的负载量及尺寸参数优化，探究具有优异电化学特性的微型超级电容器的最佳工艺参数。

第四章：采用电化学聚合和激光直写工艺制备了 PEDOT/rGO 复合电极材料，详细地分析了薄膜样品的形貌、成分对其电化学性能的影响。此外，本章还利用 PVA/H_3PO_4 凝胶电解质与 PEDOT/rGO 复合电极一起组装成全固态微型超级电容器，并对其储能特性、机械柔韧性及循环寿命进行了深入的表征分析。

第五章：采用嵌入异质结构扩大层间距的方法，在 rGO 纳米片中引入高导电性的 MWCNT，利用简便、高效的激光直写工艺设计并制备了基于 rGO/MWCNT 复合电极的微型超级电容器及其串、并联阵列器件，并系统地评估了器件的电化学性能。

第六章：本书采用激光直写法和气相聚合工艺构筑了高空隙率的、具有三维网状结构的 rGO/PEDOT 复合电极材料及其微型超级电容器串、并联阵列器件，并对组装的阵列器件的电化学性能进行表征分析，发现阵列器件的电化学性能满足电容器串并联的物理规律，证明了组装的微型超级电容器阵列器件在柔性可穿戴电子领域具有良好的应用前景。

第七章：本书采用简单可控的水热法及热退火工艺在制备多孔 rGO 的同时原位生长具有较高赝电容特性的 Co_9S_8 纳米颗粒。并系统研究了前驱体溶液的浓度、pH 值和后处理温度对产物形貌及电化学特性的影响，最终制备出高比表面积的 Co_9S_8@S-rGO-800 分级多孔复合薄膜。此外还组装了 Co_9S_8@S-rGO-800//AC 全固态柔性非对称型超级电容器在 1 A/g 时的能量密度为 39.5 W·h/kg，其功率密度为 260 W/kg。经过 5 000 次的循环测试后，器件的比容量可保持为初始值的 90.6%。表明该器件具有优异的循环稳定性、机械柔韧性和较好的储能特性。

第八章：总结全书内容，并对微型超级电容器的发展趋势进行了展望。

第二章 实验测试表征方法

薄膜材料的性能表征是材料研究中最重要的环节之一,丰富的表征方法有助于研究者准确分析实验结果、及时调整研究思路。本书采用多种表征方法对制备的薄膜材料的形貌、成分等微观结构进行了详细的分析,同时也对制备的电极材料及组装的微型超级电容器的电化学性能进行了系统的评估。

2.1 电极材料的表征方法

2.1.1 扫描电子显微镜

扫描电子显微镜(SEM)主要是通过接收二次电子信号成像来观察样品表面的形貌信息。二次电子在扫描线圈的驱动下,在被测试样表面按照时间和空间顺序扫描。而聚焦的电子束与被测试样相互作用使得二次电子的产出量随着被测试样的表面形貌变化而变化。

本书采用的场发射扫描电子显微镜的型号是日本日立公司的 S-4800。

2.1.2 透射电子显微镜

透射电子显微镜(TEM)是电子束照射到非常薄的样品表面时,大多数的电子会穿透样品,通过收集散射角与样品的成分、厚度、密度的信息,从而将样品的物理化学信息转换成明暗不同的图像呈现出来。

本书使用的透射电子显微镜的型号是美国 FEI 公司的 JEOL-JEM-2100 型,配备能谱仪(EDS),加速电压为 200 kV。

2.1.3 X 射线衍射

X 射线衍射(XRD)是利用 X 射线发生衍射时,衍射光的光程差 $2d\sin\theta$ 等于波长的整数倍时衍射会加强,即满足布拉格公式:$2d\sin\theta = n\lambda$ ($n =$

0、1、2…)。其中，d 是晶面间距，θ 是 X 射线的入射角。由于每种物质都具有特定的晶体结构信息，因此可以根据 X 射线图谱获取样品的成分、晶体结构信息。

本书采用的 XRD 衍射仪是荷兰 Panalytical 公司的 EMPYREAN 型，Cu 靶的波长 $\lambda = 0.154$ nm。

2.1.4　傅里叶红外光谱

傅里叶红外光谱(FT – IR)的原理是当用红外光照射样品表面时，样品分子中的化学键或基团会吸收一些特定频率的光子，引起振动能级或转动能级由基态跃迁到激发态，记录辐射光强度的变化即可得到样品的红外吸收谱图。由于样品分子中的化学键或基团都有其特定的吸收峰，因此可以从红外光谱图中显现的吸收峰的位置及强度来分析样品的分子结构信息。

本书采用美国热电公司的 Nicolet 6700 型的红外光谱仪对制备的薄膜材料进行分析，测试的波数范围是 400～4 000 cm^{-1}。

2.1.5　拉曼光谱

拉曼光谱的原理是激发光照射到样品表面，并与样品发生碰撞会有能量的交换，进而引起散射光频率的改变，并把入射光频率与散射光的频率的差值定义为拉曼位移，用波数即波长的倒数(单位为 cm^{-1})来表示偏移的多少。

本书采用德国 WITec 公司的 Alpha300 型拉曼光谱仪对薄膜样品的分子内部结构进行表征分析，选用 532 nm 的激光，测试范围是 500～4 000 cm^{-1}。

2.1.6　X 射线光电子能谱

X 射线光电子能谱(XPS)是当 X 射线照射样品表面时，其表面原子或原子中的部分束缚电子受激发形成光电子，通过分析光电子的能量分布即可确定样品表面元素的化学状态。

本书采用的 X 射线光电子能谱仪的型号是英国 Kratos 公司的 XSAM800 型。

2.2　电化学性能评价标准

本书中的电化学性能测试使用的是上海辰华公司的 CHI660D 型号的电化

学工作站。CV 和 GCD 的电压工作范围因电极材料而异，EIS 测试的频率范围是 $10^{-2} \sim 10^6$ Hz，其施加的正弦电压是 0.005 V，所有的电化学测试均在室温环境中进行。采用三电极测试体系对单电极材料的电化学性能进行系统的评估，其中活性材料为工作电极、对电极（又称为"辅助电极"）为铂片电极、参比电极为饱和的甘汞电极。采用两电极测试体系测试组装的全固态柔性微型超级电容器的电化学特性。

2.2.1 循环伏安测试

循环伏安测试（cyclic voltammetry，CV）是对电极材料施加一个电压随时间以三角波形变化的激励信号，经一次或多次扫描（如图 2-1(a)），并记录电流与电压的响应关系（如图 2-1(b)）的测试方法。此外，根据 CV 曲线的形状可以判断电极材料的可逆程度及反应动力，进而判断发生电化学反应的控制步骤和反应机理。

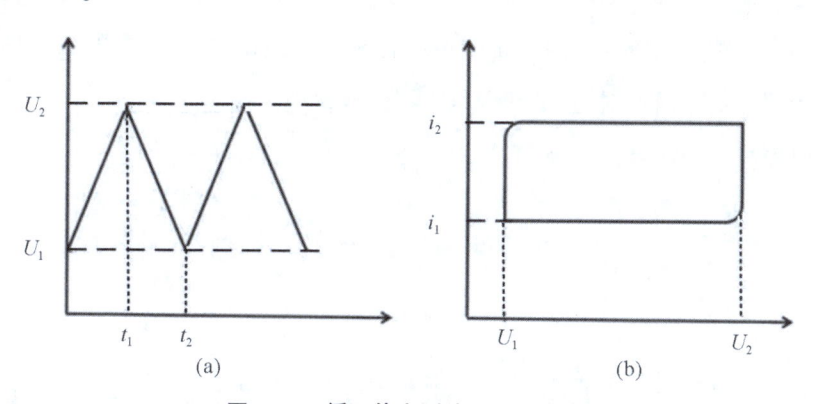

图 2-1 循环伏安测试原理示意图
（a）电压控制方式 （b）CV 曲线示意图

由于双电层电容的电极材料是利用物理的静电吸附在电极材料与电解液界面处产生的一层等量异种电荷的双电层，其储能机理类似于平板电容，使得电极材料的比容量与电极电位无关，因此其 CV 曲线表现出如图 2-1(b) 所示的类似矩形的特性。但在实际测试过程中发现，由于电解液离子在电极材料表面的吸附/脱附过程的建立需要一定的时间来完成，因此 CV 曲线会有稍微偏离矩形的形状。赝电容材料的储能过程有电荷的转移即会发生氧化还原反应，因此当电极材料在某些特定的电位下发生氧化还原反应时，会瞬间有大量的电荷转移，导致响应电流随之增大，进而在 CV 曲线上表现出氧化峰及还原峰。此外，还可以通过对比在高扫描速率下，电极材料 CV 曲线的形状来判定电极材料的倍率特性，曲线越接近矩形表明材料的倍率特性越好。这是因为在高扫描速率下，电解液离子在电极表面没有足够的时间完成吸附/脱附过程，最终导致 CV 曲线发生"畸变"。

2.2.2 恒流充放电测试

恒流充放电测试（galvanostatic charge/discharge，GCD）又称为"即时电位法"，是对电极材料施加一个电流信号后（如图 2 - 2（a）所示），观测恒流条件下电极材料的电压随时间变化规律的测试方法。对于双电层电容材料，由于比容量和施加的电压变化无关，所以当施加电流信号时，测得的电压与时间呈线性变化，如图 2 - 2（b）所示。而对于赝电容材料来说，由于测试过程中会出现放电平台导致其电压与时间不是线性变化关系。根据 GCD 图中的放电曲线可以系统地评估电极材料/微型超级电容器的电化学性能。

电极材料的比容量 C_s 计算公式：

$$C_s = \frac{I}{\frac{dV}{dt}} = \frac{I \int V dt}{\int_{V_1}^{V_2} V dV} \tag{2-1}$$

式中：C_s 是电极材料的比容量，单位是 F/g 或 F/cm^2；I 是施加的电流密度，单位是 A/g 或 A/cm^2；V_1 和 V_2 分别表示初始电压和截止电压，单位是 V；t 表示放电时间，单位是 s；

微型超级电容器的比容量 C、能量密度 E、功率密度 P、库伦效率 η 的计算公式：

$$C = \frac{I}{\frac{dV}{dt}} = \frac{I \int V dt}{\int_{V_1}^{V_2} V dV} \tag{2-2}$$

$$E = \frac{1}{2} \times C \times \frac{V^2}{3.6} \tag{2-3}$$

$$P = \frac{E}{t_d} \times 3\,600 \qquad (2-4)$$

$$\eta = \frac{t_d}{t_c} \times 100\% \qquad (2-5)$$

式中：C 是微型超级电容器的比容量，单位是 F/g 或 F/cm²；I 是对器件施加的电流密度，单位是 A/g 或 A/cm²；V_1 和 V_2 分别表示初始电压和截止电压，单位是 V；E 表示能量密度，单位是 W·h/kg 或 mW·h/cm²；P 表示功率密度，单位是 W/kg 或 mW/cm²；t_d 表示放电时间，t_c 表示充电时间，单位是 s。

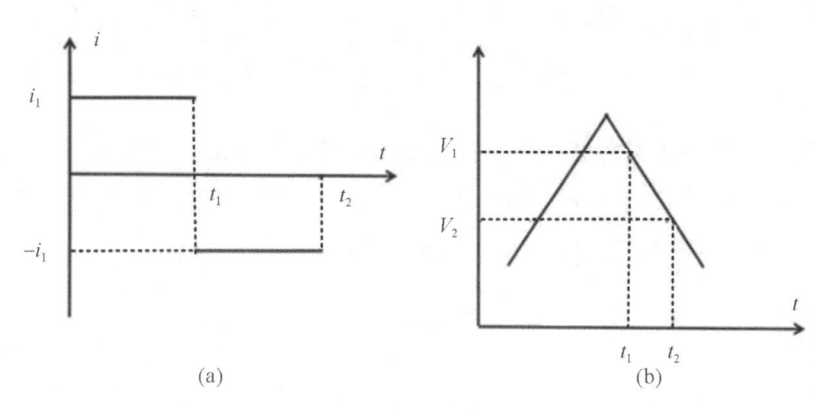

图 2-2　恒流充放电测试原理示意图

（a）电流控制方式　（b）GCD 曲线示意图

2.2.3　交流阻抗测试

交流阻抗谱（electrochemical impdance spectroscopy，EIS）的原理是对被测试系统施加一个小振幅的正弦交流电位作为扰动信号，然后测试在不同频率范围内（由高频到低频）样品的阻抗、相位角与频率的变化关系。

理想的超级电容器可以等效为电容（C）和电阻（R）的并联，阻抗 Z 为矢量，并且是频率 ω 的函数，因此 Z 可以表示为

$$Z(C) = \frac{1}{j\omega C} \qquad (2-6)$$

$$Z(R) = R \qquad (2-7)$$

$$\frac{1}{Z} = \frac{1}{Z(C)} + \frac{1}{Z(R)} \qquad (2-8)$$

$$Z = -\frac{j\omega R^2 C}{\omega^2 R^2 C^2 + 1} + \frac{R}{\omega^2 R^2 C^2 + 1} = Z'' + Z' \qquad (2-9)$$

$$Z'' = -\frac{j\omega R^2 C}{\omega^2 R^2 C^2 + 1} \qquad (2-10)$$

$$Z' = \frac{R}{\omega^2 R^2 C^2 + 1} \qquad (2-11)$$

$$(Z'')^2 + \left(Z' - \frac{R}{2}\right)^2 = \left(\frac{R}{2}\right)^2 \qquad (2-12)$$

但实际测试时，在电化学测试系统中存在体系的本质电阻 R_s，如电极与电解液的接触内阻、电解液的本征内阻等，因此上述公式可以修改为

$$(-Z'')^2 + \left(Z' - R_s - \frac{R}{2}\right)^2 = \left(\frac{R}{2}\right)^2 \qquad (2-13)$$

若以 $-Z''$ 表示矢量 Z 的虚部，Z' 表示矢量 Z 的实部，则由上述公式可得到阻抗的复平面图即 Nyquist 图（如图 2-3（a）所示），由图可知它是由高频区的半圆和低频区的斜线构成，等效电路图如图 2-3（b）所示。

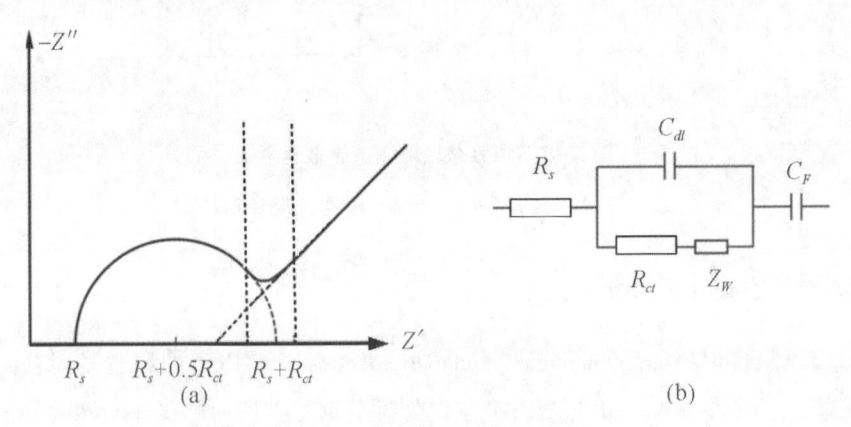

图 2-3　交流阻抗曲线示意图

（a）Nyquist 图　（b）等效电路图

本章测试时施加的正弦波电位的振幅为 0.005 V，测试的频率范围为 10^6 Hz ~ 10^{-2} Hz。其中，EIS 曲线在高频区与实轴的截距是电化学测试体系的等效串联电阻（R_s），它是电极材料内部的本征电阻、电解质的欧姆电阻、电极材料和电解质的接触电阻之和；高频区半圆的直径表征了在电极材料与电解质界面处发生法拉第反应时的电荷转移电阻 R 即 R_{ct}，电荷转移电阻越小表示电极与电解液反应效率越高；而且低频区斜线的斜率越大表示电极材料的电容特性

越好[55]。

2.3 本章小节

本章首先对电极材料形貌、成分测试过程中用到的表征方法进行了详细的介绍,同时也概述了评估电极材料或超级电容器常用到的电化学性能测试方法(如循环伏安测试、恒流充放电测试和交流阻抗测试)的基本原理及计算公式。

第三章 基于 rGO 薄膜电极微型超级电容器组装及储能特性研究

从本质上说，微型超级电容器的性能主要由电极结构的设计及材料的种类共同决定的。因此，如何从结构和材料的角度提高储能密度一直是微型超级电容器在储能领域研究的热点。从电极结构的角度考虑，平面叉指型微型超级电容器中的电极是叉指平行分布在同一平面内，电解质离子可以在二维平面内进行传输，既可以缩短离子的扩散距离，提高器件的功率密度，也可以避免两电极短路及电极错位，这些优点使得平面叉指型微型超级电容器具有更广阔的应用前景。目前制备平面微型超级电容器常用的技术有丝网印刷、光刻技术、3D 打印等工艺，但常常因在微型化过程中需要昂贵的设备、苛刻的实验条件或有毒有害物质的产生等而限制了这些技术的推广。而激光直写法是一种可以利用一台商用的 CD/DVD 光驱设备控制激光路径以制备所需图案的微型超级电容器的方法，该方法具有设备价格廉价、简单可控、可操作性强、基底材料不受限等优点，从而使得微型超级电容器的大规模生产成为可能。

石墨烯作为 sp^2 杂化碳质材料，因独特的二维结构和优异的物化特性（电导率高、比表面积大）等特点而引起了广泛关注。目前制备石墨烯的物理方法（包括机械剥离法、液相或气相直接剥离法等）具有成本低、操作简单、产品质量高等优点，但存在单层石墨烯产率不高、无法大面积制备、需进一步脱去稳定剂等缺陷；化学制备法（包括氧化还原法、化学气相沉积法等）具有方法简便、成本较低的优点，但制备的石墨烯物理化学性质易遭到破坏、引入有毒化学品等缺点。因此，需要寻找一种简单方便的方法高效制备所需的石墨烯材料。

有研究表明激光直写法[84]利用热还原效应可以把氧化石墨烯（GO）表面的含氧官能团去掉，使其被还原成为还原氧化石墨烯（rGO），同时还可以定制所需图案的电极形状。本章采用激光直写法制备图案化的石墨烯基平面叉指型的电极结构,并和 PVA/H$_3$PO$_4$ 凝胶电解质一起组装为石墨烯基全固态微型超级电容器。同时还对微型超级电容器的叉指电极尺寸及电极材料的负载量进行了优化实验,通过对所制备器件的恒流充放电(GCD)、循环伏安特性(CV)、交流阻抗特性(EIS)的表征分析,从而制备出性能优异的石墨烯基全固态微型超级电容器。

3.1 实验原材料及相关设备

本章实验采用的原材料和相关设备信息见表 3-1 所列。

表 3-1 实验原材料及相关设备信息列表

名称	生产厂家	备注
氧化石墨	南京先锋纳米科技有限公司	≥99%
浓硫酸(H$_2$SO$_4$)	成都科龙化工药品有限公司	98%
磷酸(H$_3$PO$_4$)	成都科龙化工药品有限公司	分析纯
高锰酸钾(KMnO$_4$)	成都科龙化工药品有限公司	分析纯
双氧水(H$_2$O$_2$)	成都科龙化工药品有限公司	30%
聚对苯二甲酸乙二醇酯(PET)	常州威盛塑胶有限公司	—
聚乙烯醇(PVA)	美国 Sigma-Aldrich 公司	分子量为 125 000
丙酮(CH$_3$COCH$_3$)	成都科龙化工药品有限公司	分析纯
无水乙醇(CH$_3$CH$_2$OH)	成都科龙化工药品有限公司	分析纯
超纯水设备	四川优谱超纯科技有限公司	
电子天平	赛多利斯仪器(北京)有限公司	BSA-124S
超声清洗仪	上海之信仪器有限公司	DL-120E
台式高速离心机	四川蜀科仪器有限公司	TG-18
恒温鼓风干燥箱	成都晟杰科技有限公司	DHG-9035A
数显恒温测速磁力搅拌器	江阴市保利科研器械有限公司	HJ-6B
烧杯/量筒等玻璃器皿	成都科龙化工药品有限公司	—
真空冷冻干燥机	赛飞(中国)有限公司	Biosafer-10A
电化学工作站	上海辰华仪器有限公司	CHI660D

3.2 rGO 薄膜电极制备

激光直写法制备 rGO 薄膜电极的制备方案如下。

① 柔性 PET 基底的处理：

本实验设计在绝缘基底上制备平面叉指型电极结构，因此采用不导电的聚对苯二甲酸乙二醇酯(polyethylene terephthalate,PET)作为柔性基底。首先，把 PET 放入含有 50 mL 丙酮的烧杯中超声清洗 20 分钟，再依次放入酒精、去离子水中分别超声处理 20 分钟，之后把处理好的 PET 放入 60 ℃ 的真空干燥箱中烘干备用。

② GO 粉末的制备：

采用改进的 Hummer 法把天然的鳞片石墨制备为典型的 GO 分散液[85]。首先，取 20 mL 的 H_2SO_4 溶液放于冰水浴锅中，并加入 1 g 鳞片石墨且磁力搅拌 2 小时使其分散均匀，之后再多次少量加入 3 g 的 $KMnO_4$，并继续磁力搅拌 1 小时。其次，把上述反应溶液放置于室温环境中，并向其中逐滴加入 120 mL 的去离子水，经过 12 小时的磁力搅拌后，反应溶液颜色变为深棕色。再依次缓慢加入 250 mL 去离子水和 4 mL 的 H_2O_2，并继续磁力搅拌 18 小时后反应溶液颜色变为棕黄色，则表明此时的反应溶液中已存在 GO 产物。最后，离心收集反应产物，并分别用盐酸和去离子水多次离心清洗以去除杂质，再把产物冷冻干燥 24 小时得到纯净的 GO 粉末以备实验使用。

③ GO 薄膜的制备：

取上述制备 2 mg/mL 的 GO 水分散液再超声分散 2 小时，使得 GO 溶液分散得更均匀。把 GO 水分散液均匀地喷涂于 PET 基底上，再把样品放入 50 ℃ 的真空干燥箱内静置 8 小时得到 GO 薄膜。

④ rGO 薄膜电极的制备过程：

先用 3D MAX 软件画出所需的图案(常用的有方形或叉指型)，并将其导入 CD/DVD 光驱控制单元中以制备所需图案的微型超级电容器，之后使用波长为 788 nm 的激光利用热还原效应把 GO 表面的含氧官能团去掉，使其被还原成为 rGO 薄膜，同时制备出平面叉指型的电极形状。

3.3 rGO 薄膜电极形貌表征与结构分析

本实验首先对 GO 及 rGO 薄膜的 SEM 形貌进行了表征分析，结果如图 3-1 所示。其中，图 3-1(a) 是 GO 薄膜的 SEM 形貌图，可以观察到堆叠的 GO 纳米片结构。经过激光直写法处理后，GO 表面的含氧官能团被去掉，表面形貌呈现出透明的丝绸状结构，即表现出了具有典型的 rGO 形貌特征，如图 3-1(b) 所示。这些典型的褶皱结构可以增加 rGO 薄膜材料可利用的比表面积、提供更多的电化学活性位点、也有助于提高电化学反应过程中电子的传输效率。

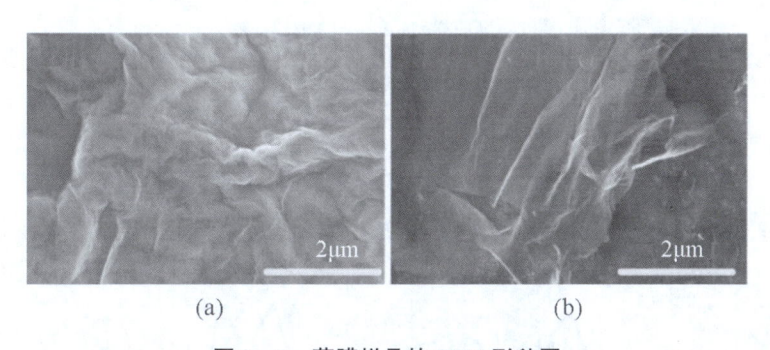

图 3-1 薄膜样品的 SEM 形貌图

(a) GO 薄膜样品　(b) rGO 薄膜样品

为了进一步验证 GO 薄膜和经激光处理后的 rGO 薄膜的存在，本实验利用 XRD 对它们的晶体结构进行表征分析，结果如图 3-2 所示。图 3-2(a) 显示了在 XRD 谱图的 $2\theta = 10.8°$ 处有一个明显的衍射峰对应于 GO 的 (001) 晶面，说明此时纳米片结构上有大量的羟基、羧基或环氧基等含氧官能团存在。而经过激光还原处理后在 XRD 谱图的 $2\theta = 9.5°$ 处有一个较弱的衍射峰，同时在 $2\theta = 26°$ 处有一个较强的衍射峰对应于 rGO 的 (002) 晶面，表明 GO 结构上的含氧官能团大部分已被去掉，进而生成了具有高导电性的 rGO 薄膜。

图 3-3 是 GO 薄膜和 rGO 薄膜的成分分析图。其中，图 3-3(a) 是 GO 和 rGO 的傅里叶红外光谱图，由图可知，GO 红外光谱图中波数为 1 726 cm^{-1}、1 623 cm^{-1}、1 411 cm^{-1}、1 165 和 1 044 cm^{-1}、850 cm^{-1} 的吸收峰分别来源于 C=O、C=C、C—OH、C—O、C—O—C 的伸缩振动，说明 GO 纳米片中含有大量的羟基、羧基等含氧官能团。经过激光辅助处理后，样品在含氧官能团

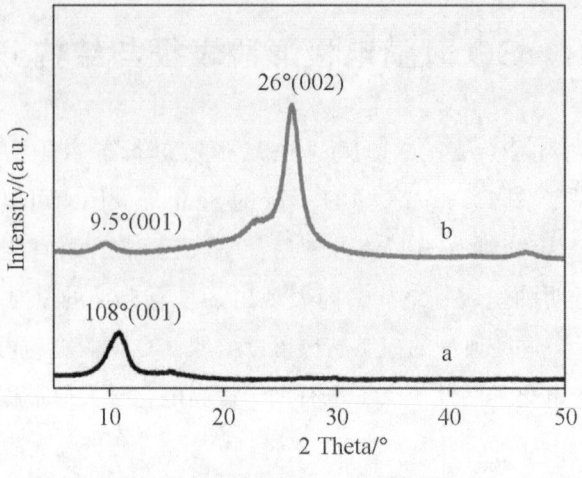

a— GO 薄膜样品；b— rGO 薄膜样品。

图 3-2　薄膜样品的 XRD 谱图

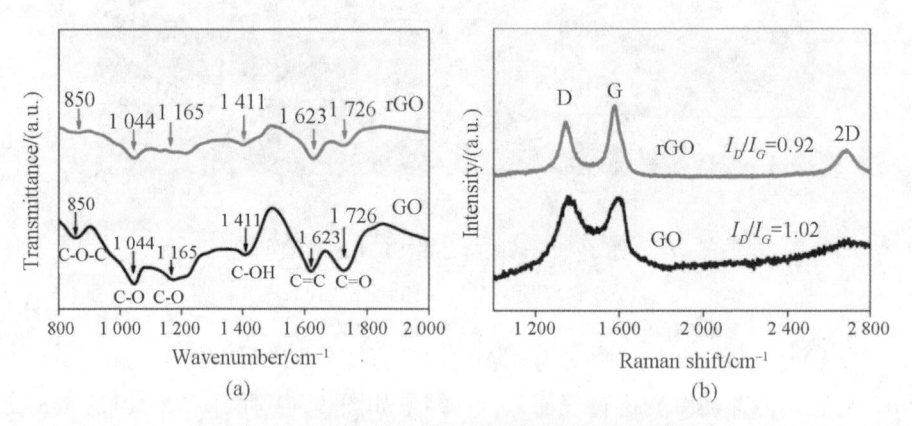

图 3-3　GO 薄膜和 rGO 薄膜样品的成分表征图

(a) 红外光谱图　(b) 拉曼光谱图

处的吸收峰强度明显减弱，说明碳骨架上的含氧官能团已被去掉，成功制备了 rGO 薄膜[86]。图 3-3(b) 是 GO 和 rGO 的拉曼光谱图，在波数为 1 359 cm^{-1} 和 1 595 cm^{-1} 处对应于碳材料的 D 峰和 G 峰。其中，D 峰对应于 sp^2 原子的伸缩模式，其强度受到六角排列的碳原子缺陷程度的影响，D 峰越强表明材料中的缺陷越多；G 峰对应于布里渊中心的 E_{2g} 声子，其强度受到碳材料有序程度的影响；而 2D 峰的是典型的石墨烯的特征峰结构[87]。因此，D 峰和 G 峰的强度比(I_D/I_G)可以用来衡量碳材料的缺陷程度及有序性，I_D/I_G 的比值越大，表明缺陷越多、碳材料石墨化程度越小[88-89]。由图3-3(b)可以得出GO和rGO的I_D/I_G比值分别为1.02和0.92，表明经过激光直写过程GO表面的含氧官能团被移除，表面的缺陷减少，生成的rGO薄膜具有更好的石墨化程度[90-91]。

3.4 基于rGO薄膜微型超级电容器组装

制备PVA/H₃PO₄凝胶电解质的步骤：首先把1 g的PVA粉体加入到10 mL的去离子水中先磁力搅拌1小时后，再放入水浴锅中加热到90 ℃并持续搅拌到透明状，之后把2 mL的H₃PO₄溶液倒入上述PVA分散液中继续磁力搅拌2小时直到呈透明凝胶状，再放入真空干燥箱中室温静置5小时以除去溶液中的气泡，最终得到PVA/H₃PO₄凝胶电解质以备用。

本实验先把已制备的平面叉指型电极器件放置于水平台面上，再把制备的PVA/H₃PO₄凝胶电解质均匀滴涂在叉指电极器件的表面，然后将该器件放入真空干燥箱中室温真空静置8小时，使得电极材料与凝胶电解质可以完全浸润以降低它们的接触内阻。为了更好地引出电极材料的比容量，在器件两侧热沉积一层铝电极作集流体，最终得到石墨烯基全固态柔性微型超级电容器（器件结构示意图如图3-4所示）。

本节利用两电极测试体系表征石墨烯基全固态柔性微型超级电容器的电化学特性。CV和GCD的电压范围均为0~1.0 V，EIS设置的频率范围是10^{-2}~10^6 Hz，其施加的正弦电压是0.005 V。所有的电化学测试均采用上海辰华的CHI660D型的电化学工作站。

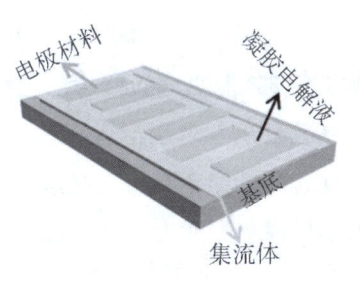

图3-4 本实验室制备的平面叉指型微型超级电容器结构示意图

3.5 基于 rGO 薄膜微型超级电容器电化学性能测试

3.5.1 负载量对器件电化学性能影响

对于微型超级电容器来说，器件可占用的面积是受到严格限制的(一般面积较小)。因此，提高其单位面积上的能量密度或功率密度是促进微型超级电容器在微储能领域广泛应用的关键。研究发现负载量(单位面积上附着的电极材料的质量)对电极材料的电化学特性有重要影响。通常低负载量(约为 1 mg/cm²)的纳米电极材料具有较好的可利用的比表面积，电解液离子更容易渗透到电极材料内部，进而降低界面的接触内阻，有利于电化学反应过程中电子的快速转移。但低负载量常常伴随着较低的能量密度无法满足微型超级电容器的实际应用需求。而块体电极材料的负载量过高时电解液离子在其中的扩散又会受到限制，使得电极材料的储能特性无法被充分利用。因此，优化电极材料的负载量对微型超级电容器电化学性能的提高起到至关重要的作用。本小节设计了三组不同负载量的电极材料：1 mg/cm²、8 mg/cm² 和 16 mg/cm²，并依据第 3.2 及 3.4 节制备并组装微型超级电容器，把对应的微型超级电容器记作器件 M1、M2 和 M3。其中，平面微型超级电容器设计的叉指电极尺寸：叉指长 L = 11 mm，宽 W = 2 mm，指间距 I = 1 mm。

本小节首先对 3 组不同负载量的微型超级电容器样品的循环伏安特性进行了测试，结果如图 3-5 所示。其中，图 3-5(a)、(b)、(c)分别是器件 M1、M2 和 M3 在不同扫描速率下(5、10、20、40、60、80 和 100 mV/s)的 CV 图，这 3 组样品的 CV 曲线都呈现对称的类似矩形的形状，说明经激光直写处理后制备的 rGO 电极材料具有高度可逆性的双电层电容特性。当扫描速率由 5 mV/s 增大到 100 mV/s 时，CV 曲线包围的面积在增大，这主要是因为由电极材料比容量的计算公式可知，随着扫描速率的增大，电极材料的响应电流也在增大，在宏观上显示随着扫描速率的增大，CV 曲线包围的面积在增加。并且 CV 曲线在高扫描速率下仍具有典型的矩形特征，表明基于 rGO 的微型超级电容器具有较好的倍率特性。图 3-5(d)是 3 组器件样品在扫描速率为 10 mV/s 时的 CV 对比图，由图可知在相同的扫描速率下，器件 M2 的 CV 曲线所包围的面积最大，显示了器件 M2 具有最高的比容量，表明电极材料的负载量对器件性能的提高起到决定性的作用。即当电极材料的负载量为 8 mg/cm² 时，电极材料内部与电解液离子具有较好的浸润性，使得电极材料的比容量可以被充分地引出，进而表现出优异的电化学特性。

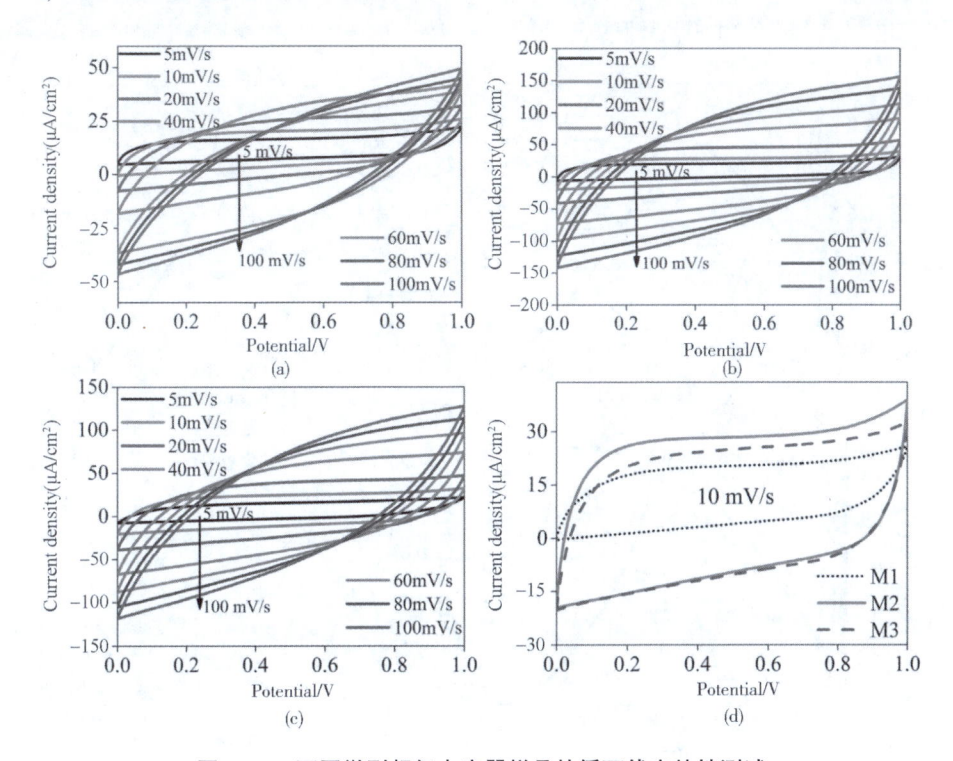

图 3 – 5　不同微型超级电容器样品的循环伏安特性测试

(a) M1 在不同扫描速率下的 CV 图　(b) M2 在不同扫描速率下的 CV 图　(c) M3 在不同扫描速率下的 CV 图　(d) 3 组器件样品在扫描速率为 10 mV/s 时的 CV 对比图

图 3 – 6 是不同微型超级电容器样品的恒流充放电特性分析对比图，其中图 3 – 6(a)、(b)、(c)分别是器件 M1、M2 和 M3 在不同电流密度下的 GCD 曲线，这 3 组 GCD 曲线的形状都是类似等腰三角形，说明制备的 rGO 微型超级电容器具有较好的库伦效率和电化学可逆性。当施加的电流密度由 1.67 μA/cm² 增大到 16.7 μA/cm² 时，微型器件的放电时间都在减少，说明储存的电荷量在减少。这是因为在大电流密度充放电测试时，电解液离子的运动加快，离子间的碰撞也在加剧，使得电极材料内部与电解液离子间没有充足的时间进行脱附/吸附反应过程，最终导致放电时间变短、比容量降低。

图3-6（d）是3组器件样品在电流密度为1.67 μA/cm²时的恒流充放电特性对比图，由图可知在相同的电流密度下，器件M2具有最长的放电时间。此外，根据GCD曲线可以计算出器件M1、M2和M3在电流密度为1.67 μA/cm²时的比容量分别为1 153.97、2 672和2 351.36 μF/cm²，表明这3组样品中器件M2具有最优的电化学性能。

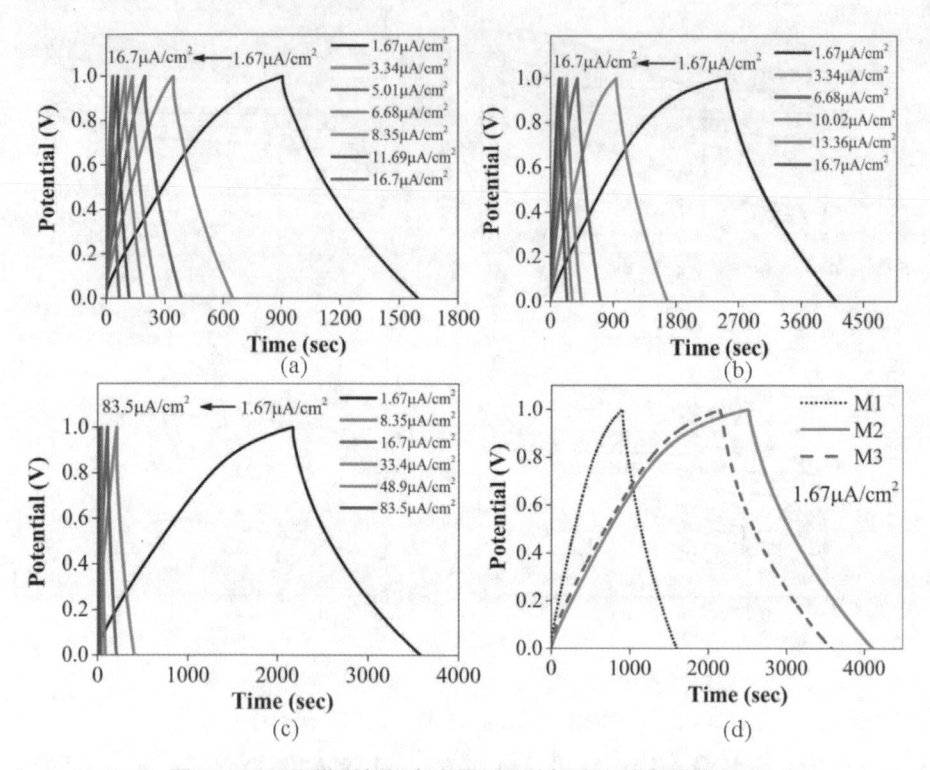

图3-6 不同微型超级电容器样品的恒流充放电特性测试

(a) M1在不同电流密度下的GCD图 (b) M2在不同电流密度下的GCD图 (c) M3在不同电流密度下的GCD图 (d)三组器件样品在电流密度为1.67μA/cm²时的GCD对比图

根据微型超级电容器比容量的计算公式及其GCD曲线图（如图3-6(a)、(b)、(c)所示）可以得出器件M1、M2和M3在不同电流密度的比容量，其结果如图3-7所示。器件M2在电流密度为1.67、3.34、6.68、10.03、13.36和16.70 μA/cm²时，其比容量分别为2 672、2 451.56、2 224.44、2 096.27、1 993.31和1 905.47 μF/cm²。由图可知，在相同电流密度下器件M2的比容量高于器件M1及器件M3的比容量。当施加的电流密度由1.67 μA/cm²扩大10倍增至16.7 μA/cm²时，器件M2的比容量由2 672 μF/cm²降低为1 905.47 μF/cm²，而器件 M1 的比容量由 1 153.97 μF/cm² 降低为 541.08 μF/cm²，器件 M3 的比容量由 2 351.36 μF/cm² 降低为 1 664.99 μF/cm²，测试对比发现器件 M2 在大电流密度下仍然具有较好的比容量和倍率特性，以上实验结果表明电极材料的负载量对器件比容量的引出有重要影响。当电极材料的负载量较低时（如 1 mg/cm²），在电极材料与电解液界面处的感应电荷较少，也可能引起电极材料薄膜的不连续性进而降低电荷的转移效率，使得器件 M1 比容量较低。而当负载量过高时（如 16 mg/cm²），电极较厚，电解液离子在电极材料内部的扩散受到限制，使得电极材料可以及时地参与电化学反应的比表面积减少，进而降低了器件 M3 的比容量。而适当的负载量（8 mg/cm²）可以提高电解液离子在电极材料表面扩散速率、降低电解液离子的扩散阻力，同时也为电化学反应提供丰富的导电通道，电极材料的比容量更容易被充分地引出，因此器件 M2 表现出较好的储能特性[92]。

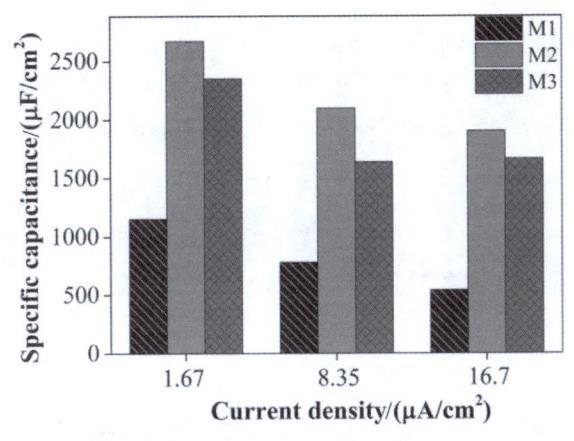

图 3-7　不同微型器件样品在不同电流密度下的比容量关系对比图

3.5.2　叉指电极的尺寸对器件电化学性能影响

影响微型超级电容器电化学性能的另一个重要因素是叉指电极的尺寸，例如叉指之间的间距 interspace（I）、叉指宽 width（W）、叉指长 length（L）。适当比例的叉指尺寸有助于提高电极材料与电解液离子间的渗透能力、优化相邻叉指电极之间的离子扩散距离，从而增加微型超级电容器的比容量[93]。本小节设计了 3 组不同叉指电极尺寸的微型超级电容器（具体参数见表 3-2 所列），每个器件电极材料的负载量均为 8 mg/cm²，把对应的微型超级电容器记作

MSC-1、MSC-2、MSC-3，如图3-8所示是本实验制备的微型超级电容器的实物图。

图3-8 平面叉指型微型超级电容器实物图

本小节首先对不同叉指尺寸的微型超级电容器样品的循环伏安特性进行了对比测试，结果如图3-9所示。由图可知，在扫描速率为10 mV/s时，3组微型超级电容器的CV曲线都表现出对称的矩形形状，表明3组器件均具有高度可逆性的双电层电容特性。并且样品MSC-2的CV曲线所包围的面积也是3组器件中最大的，显示了其具有最高的比容量，也证实了叉指电极的尺寸会对微型超级电容器的储能特性有重要影响。

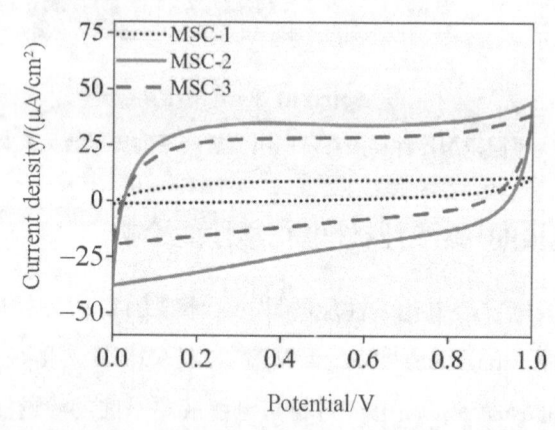

图3-9 不同微型超级电容器样品在扫描速率为10 mV/s时的循环伏安特性测试

图3-10(a)、(b)和(c)是微型超级电容器样品MSC-1、样品MSC-2、样品MSC-3在不同电流密度下的GCD曲线图，电压范围设置为0~1 V。由

图可知这 3 组样品的 GCD 的充电曲线和放电曲线具有对称性，且电压随着时间呈线性变化，表明这 3 组样品具有较好的库伦效率及双电层电容性能，这也和上述 CV 曲线中表现出的类似矩形的表征结果相一致。当施加的电流密度逐渐增大时，各器件样品的放电时间明显在减少。这是因为在大电流密度下，电解液离子与电极材料没有充足的时间发生脱附/吸附反应，使得器件储存的电荷量减少，比容量降低。

表 3-2 制备微型超级电容器叉指电极的尺寸

微型器件名称	长 L/mm	宽 W/mm	指间距 I/mm
MSC-1	5	0.5	0.25
MSC-2	8	1	0.5
MSC-3	11	2	1

图 3-10d 是 3 组微型超级电容器样品在电流密度为 10 $\mu A/cm^2$ 时的恒流充放电特性对比图。在相同的电流密度下，3 组样品的 GCD 曲线具有类似的形状，但放电时间有明显不同。其中，样品 MSC-2 的放电时间最长为 269.0 s，而样品 MSC-1 的放电时间为 161.5 s，样品 MSC-3 的放电时间为 209.0 s。因此，根据 GCD 曲线及微型器件比容量的计算公式，可以得出当恒流充放电的电流密度为 10 $\mu A/cm^2$ 时，样品 MSC-1、样品 MSC-2、样品 MSC-3 的比容量分别为 1 615、2 690 和 2 090 $\mu F/cm^2$。

根据上述 3 组微型超级电容器样品的 GCD 曲线（如图 3-10）及器件比容量的计算公式可以得出各样品在不同电流密度为 10、20 和 30 $\mu A/cm^2$ 时的比容量的柱状对比图，其结果如图 3-11 所示。由图可知，在相同电流密度下，样品 MSC-2 的比容量远远高于其他 2 组样品的比容量。当电流密度由 10 $\mu A/cm^2$ 增大到 30 $\mu A/cm^2$ 时样品 MSC-2 的比容量由 2 690 $\mu F/cm^2$ 降低为 1 896 $\mu F/cm^2$，而样品 MSC-1 的比容量由 1 615 $\mu F/cm^2$ 降低为 813 $\mu F/cm^2$，样品 MSC-3 的比容量由 2 090 $\mu F/cm^2$ 降低为 1 431 $\mu F/cm^2$。因此，样品 MSC-2 在大电流密度下仍具有较好的储能特性。以上实验结果表明叉指电极的长、宽及指间距对电极材料比容量的引出有明显的调节作用，适当比例的叉指尺寸有助于促进电解液离子在二维平面的叉指电极之间的渗透作用，降低电极材料与电解液离子的界面接触内阻，同时也优化了电解液离子到电极材料表面的扩散距离，增强了电化学反应效率，最终获得高性能全固态微型超级电容器器件结构[81]。

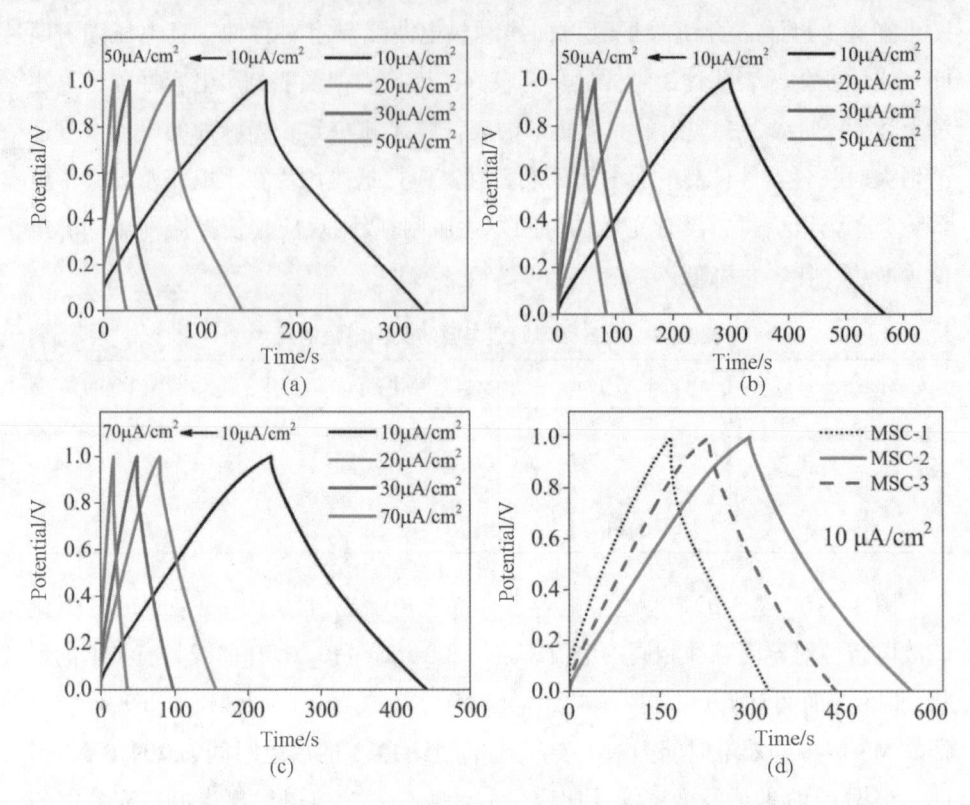

图 3–10　微型超级电容器样品在不同电流密度下的恒流充放电性能对比图

(a) MSC-1　(b) MSC-2　(c) MSC-3

(d) 3 组器件在电流密度为 10 μA/cm² 时的 GCD 对比图

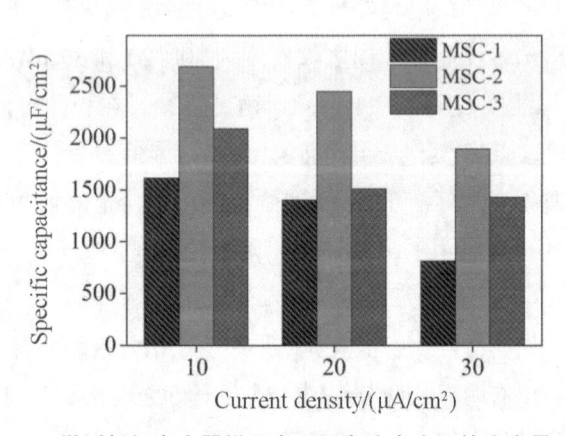

图 3–11　微型超级电容器样品在不同电流密度下的比容量对比图

为了进一步探究这 3 组微型超级电容器样品中电极材料与电解液离子在界

面处扩散过程，本小节也对它们的交流阻抗特性进行了对比分析，结果如图 3-12 所示。这 3 组样品的 EIS 曲线具有类似的形状，均由高频区的半圆弧和低频区的斜线组成。高频区半圆的直径表示在电极材料与电解液离子在界面处的电荷转移电阻（Rct），直径越大表示电荷转移阻抗越高，电化学反应效率就会降低。对比图中 3 组 EIS 曲线可以发现，当器件叉指尺寸很小时（如器件 MSC-1），其 Rct 的数值没有继续减少，这可能是因为在较小尺寸的电极材料中，石墨烯纳米片的堆叠不紧密，原本的石墨烯三维导电网络骨架的传输作用被削弱，电荷转移内阻有所增加。而随着器件（如由 MSC-3 到 MSC-2）叉指尺寸的降低，器件的 Rct 在减少，表明适当优化叉指电极的尺寸，有利于增强电解液离子的渗透到能力，提高电化学反应过程中电子/离子的传输效率，进而降低器件的电荷转移内阻。器件 MSC-2 在高频区半圆的直径最小，表明其电荷转移阻抗最小，即器件 MSC-2 最容易发生电化学反应。以上实验结果证实了优化叉指电极的尺寸有利于降低电极材料与凝胶电解质之间的内阻、缩短凝胶电解质扩散到电极材料表面的距离、提高凝胶电解质的扩散效率，从而提高器件的电化学反应效率及比容量[93]。

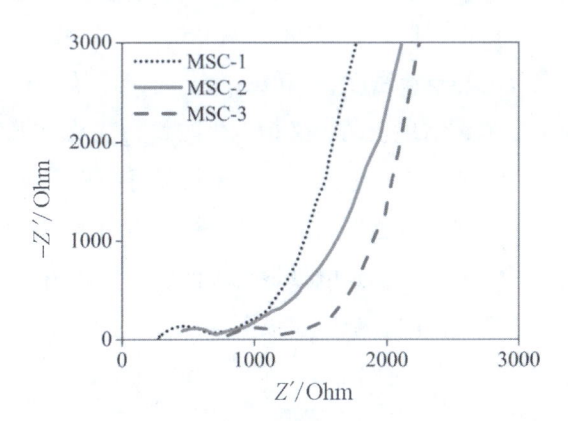

图 3-12 不同微型超级电容器样品交流阻抗特性对比图

3.6 本章小结

本章采用激光直写法，利用商用的光驱设备控制激光路径，可以方便地制备图案化的电极结构，并对制备的电极材料的形貌、成分结构进行了详细的表征分析。同时与 PVA/H_3PO_4 凝胶电解质一起组装成基于 rGO 的全固态微型超级电容器，通过对叉指电极的负载量及尺寸的优化，最终得到电化学性能优异的微型超级电容器。主要研究成果如下。

1. 采用易于集成且简单稳定的激光直写工艺，利用热还原效应把氧化石墨烯(GO)表面的含氧官能团去掉，进而被还原成为还原氧化石墨烯(rGO)。该工艺具有经济廉价、简单可控、简化传统的制备流程、基底材料不受限等优点，并且通过光驱软件即可方便快捷地制备出所需图案的微型超级电容器电极结构。

2. 以微型超级电容器叉指电极的负载量为优化变量，对所制备的样品进行电化学性能分析测试。实验结果表明随着负载量(1、8和16 mg/cm^2)的增加，器件的比容量先增大后减少。其中在电流密度为 1.67 μA/cm^2 时，负载量为 8 mg/cm^2 的器件具有最优的比容量为 2 672 μF/cm^2，表明适当负载量的电极材料有助于增强电解液离子在电极材料表面的浸润性、降低电解液离子的扩散阻力、使其比容量可以被充分地引出，进而表现出优异的电化学性能。

3. 以微型超级电容器叉指电极的尺寸为优化变量，对所制备的样品进行电化学性能分析测试，每个器件电极材料的负载量约为 8 mg/cm^2。实验结果显示不同叉指尺寸的器件(MSC-1、MSC-2、MSC-3)表现出的比容量具有明显差异，当恒流充放电的电流密度为 10 μA/cm^2 时，样品 MSC-2 的比容量最高(2 690 μF/cm^2)，测试结果表明了叉指电极的长、宽及指间距对电极材料比容量的引出有明显的调节作用。适当的叉指电极尺寸有助于促进电解液离子在二维平面的叉指电极之间的渗透作用，降低电极材料与电解液离子的界面接触内阻，同时也优化了电解液离子到电极材料表面的扩散距离，增强了电化学反应效率，最终获得高性能全固态微型超级电容器。

第四章 基于 PEDOT/rGO 复合电极微型超级电容器组装及其储能特性研究

利用激光直写工艺制备的基于 rGO 的微型超级电容器由于具有尺寸小、成本低、绿色环保、便于集成和图案化等优势而成为研究的热点。然而 rGO 在制备过程中因范德华力的作用使得纳米片层容易发生团聚，使电解液离子可利用的电极材料的接触面积减少，进而降低了电极材料与电解液离子界面处的电荷储存量。并且 rGO 双电层电容的储能机理也限制了其作为电极材料时比容的贡献量，最终导致基于 rGO 的微型超级电容器具有较低的能量密度，并阻碍了其在微能源领域的广泛应用。

聚(3,4-乙基二氧噻吩)(PEDOT)作为典型的赝电容电极材料，因具有导电性高、易加工、低成本等特点而引起了人们广泛关注[94]。因此可以在具有优异物化特性的 PEDOT 材料中引入 rGO 纳米片制备 PEDOT/rGO 复合电极，rGO 纳米片分散在 PEDOT 颗粒的表面，可以有效缓解 rGO 纳米片的团聚效应，提高了复合电极材料与电解液离子的有效接触面积，进而提高其比容量。同时 rGO 纳米片作为复合电极的导电骨架在循环测试过程中能够有效缓解 PEDOT 纳米颗粒的膨胀现象，使得复合电极材料的循环稳定性得到有效提高。

本书首先采用电化学聚合法制备 PEDOT 纳米颗粒，再在其上涂覆氧化石墨烯纳米片并利用激光直写法制备还原氧化石墨烯，制备得到所需图案的电极形状。利用 SEM、TEM、红外、拉曼和 XRD 对 PEDOT/rGO 复合电极材料的形貌、成分及结构进行表征。在 PEDOT 纳米颗粒表面沉积的 rGO 纳米片为复合电极与电解液离子间提供了较多的开放网络结构，同时作为赝电容材料的 PEDOT 纳米颗粒在氧化还原反应过程中产生的电荷更容易被 rGO 的导电网络所收集并快速传输，进而有助于提高 PEDOT/rGO 复合电极的电化学反应效率。此外，还把复合电极材料和 PVA/H_3PO_4 凝胶电解质一起组装成基于 PEDOT/rGO 复合电极的全固态微型超级电容器，并对单电极材料及组装的全固态微型超级电容器的电化学性能(包括恒流充放电特性、循环伏安特性及交流阻抗特性)进行了详细的分析研究，结果证明了本实验组装的基于 PEDOT/rGO 复合电极的微型超级电容器具有较好的实用性。

4.1 实验原材料及相关设备

本章实验采用的原材料和相关设备信息见表 4-1 所列。

表 4-1 实验原材料及相关设备信息列表

名称	生产厂家	备注
氧化石墨	南京先锋纳米科技有限公司	≥99%
浓硫酸(H_2SO_4)	成都科龙化工药品有限公司	98%
磷酸(H_3PO_4)	成都科龙化工药品有限公司	分析纯
高锰酸钾($KMnO_4$)	成都科龙化工药品有限公司	分析纯
双氧水(H_2O_2)	成都科龙化工药品有限公司	30%
柔性 ITO 导电基底	常州威盛塑胶有限公司	—
聚乙烯醇(PVA)	美国 Sigma – Aldrich 公司	分子量为 125 000
3,4-乙基二氧噻吩(EDOT)	德国拜耳公司	40%
高氯酸锂($LiClO_4$)	成都科龙化工药品有限公司	分析纯
丙酮(CH_3COCH_3)	成都科龙化工药品有限公司	分析纯
无水乙醇(CH_3CH_2OH)	成都科龙化工药品有限公司	分析纯
超纯水设备	四川优谱超纯科技有限公司	UPH – I – 5T
电子天平	赛多利斯仪器(北京)有限公司	BSA – 124S
超声清洗仪	上海之信仪器有限公司	DL – 120E
台式高速离心机	四川蜀科仪器有限公司	TG – 18
真空干燥箱	成都天宇电烘箱厂	DZ – 1 II
恒温鼓风干燥箱	成都晟杰科技有限公司	DHG – 9035A
数显恒温测速磁力搅拌器	江阴市保利科研器械有限公司	HJ – 6B
烧杯/量筒等玻璃器皿	成都科龙化工药品有限公司	—
真空冷冻干燥机	赛飞(中国)有限公司	Biosafer – 10A
电化学工作站	上海辰华仪器有限公司	CHI660D

4.2 PEDOT/rGO 复合电极制备

利用电化学聚合和激光直写工艺制备 PEDOT/rGO 复合电极(制备流程如图 4-1 所示)的实验方案如下。

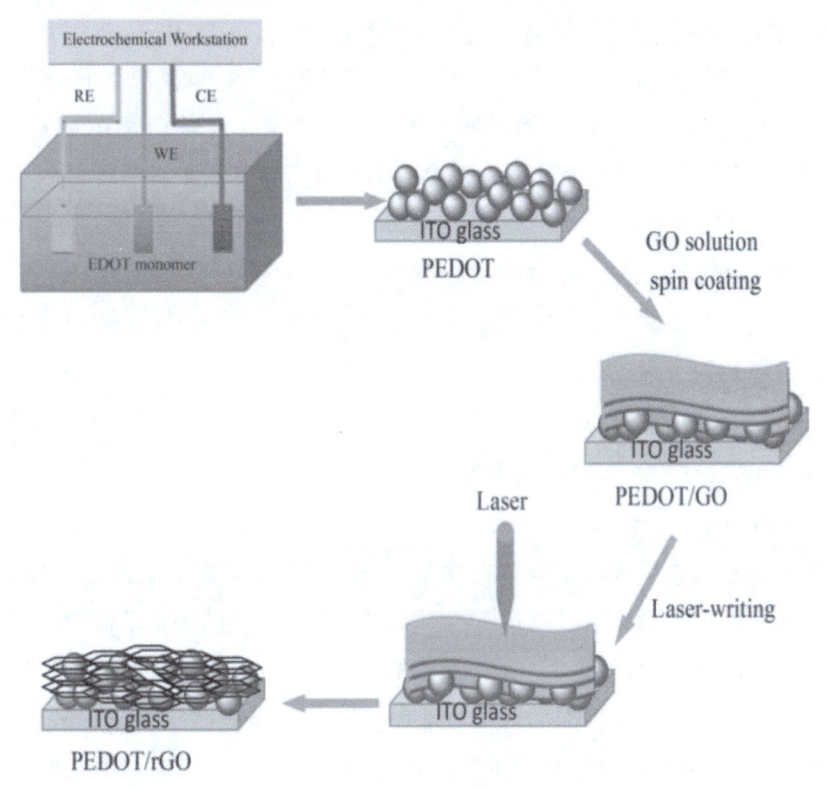

图 4-1 PEDOT/rGO 纳米复合薄膜制备流程图

① 氧化石墨烯(GO)水分散液的制备：

制备 2 mg/mL 的 GO 水分散液以备实验使用，具体实验步骤参见第 3.2 节。

② 柔性 ITO 基底的处理：

本实验需要在导电基底上采用电化学聚合的方法制备 PEDOT，因此选用柔性氧化铟锡(indium tin oxide,ITO)作为导电基底。首先，把柔性基底放入含有 50 mL 丙酮的烧杯中超声清洗 20 分钟，再依次用酒精、去离子水分别超声处理 20 分钟，之后把已经处理好的柔性基底放入 60 ℃ 的真空干燥箱中烘干备用。

③ 电化学聚合 PEDOT 纳米薄膜：

先取适量的 LiClO₄ 粉末加入到 20 mL 的去离子水中磁力搅拌 1 小时，制备 4.6 wt% 分散均匀的 LiClO₄ 混合溶液，再向其中加入 0.34 wt% 的 EDOT 单体继续磁力搅拌 2 小时，得到均匀分散的前驱体溶液。把已制备的上述溶液倒入电化学池中作为电化学聚合 PEDOT 的前驱体溶液，并利用循环伏安法（扫描速率为 100 mV/s，循环 6 次）电化学聚合 PEDOT。其中，在三电极体系中，柔性 ITO 基底作为工作电极，铂金属电极作为对电极，Ag/AgCl 电极作为参比电极。把得到的深蓝色 PEDOT 纳米薄膜用丙酮、酒精、去离子水清洗以去除其表面附着的杂质，并在真空干燥箱中 80 ℃经 20 分钟退火处理后即得到单一的 PEDOT 纳米薄膜样品。

④ PEDOT/GO 复合薄膜的制备：

先取上述制备的 2 mg/mL 的 GO 水分散液再超声分散 2 小时，使得 GO 溶液分散得更均匀。之后采用旋涂工艺（前转 600 r/min，10 s，后转 2 000 r/min，30 s），把上述制备的 GO 水分散液均匀涂覆于已制备的 PEDOT 纳米薄膜上，放入真空干燥箱中 60 ℃烘干得到 PEDOT/GO 复合薄膜。

⑤ PEDOT/rGO 复合薄膜的制备：

先用 3D MAX 软件画出所需的电极图案（方形或叉指型结构），将其导入 CD/DVD 光驱控制单元中以制备所需图案的电极样品。随后驱动器按已设计的图案精确控制 788 nm 红外激光器（功率输出 = 100 mW）的行走路径，利用热还原效应把氧化石墨烯表面的含氧官能团去掉，制备成还原氧化石墨烯薄膜，最终得到 PEDOT/rGO 纳米复合薄膜。作为对照组，也用相同的工艺制备了单一的 PEDOT 纳米薄膜和单一的 rGO 薄膜，并将得到的 3 组样品分别用丙酮、酒精、去离子水清洗去除附着在其表面的杂质，再放入真空干燥箱中 60 ℃烘干备用。

4.3　PEDOT/rGO 复合电极形貌表征与结构分析

图 4-2 是典型的 PEDOT、PEDOT/GO 和 PEDOT/rGO 复合薄膜的 SEM 形貌表征图。其中，图 4-2(a) 是 PEDOT 的 SEM 图，由图可知利用循环伏安法，在静电场的作用下基底表面开始形成许多岛状结构并逐渐增大，最终形成

由纳米颗粒堆积而成的 PEDOT 薄膜。图 4-2(b) 是局部放大图,可以清晰的看到 PEDOT 纳米颗粒。

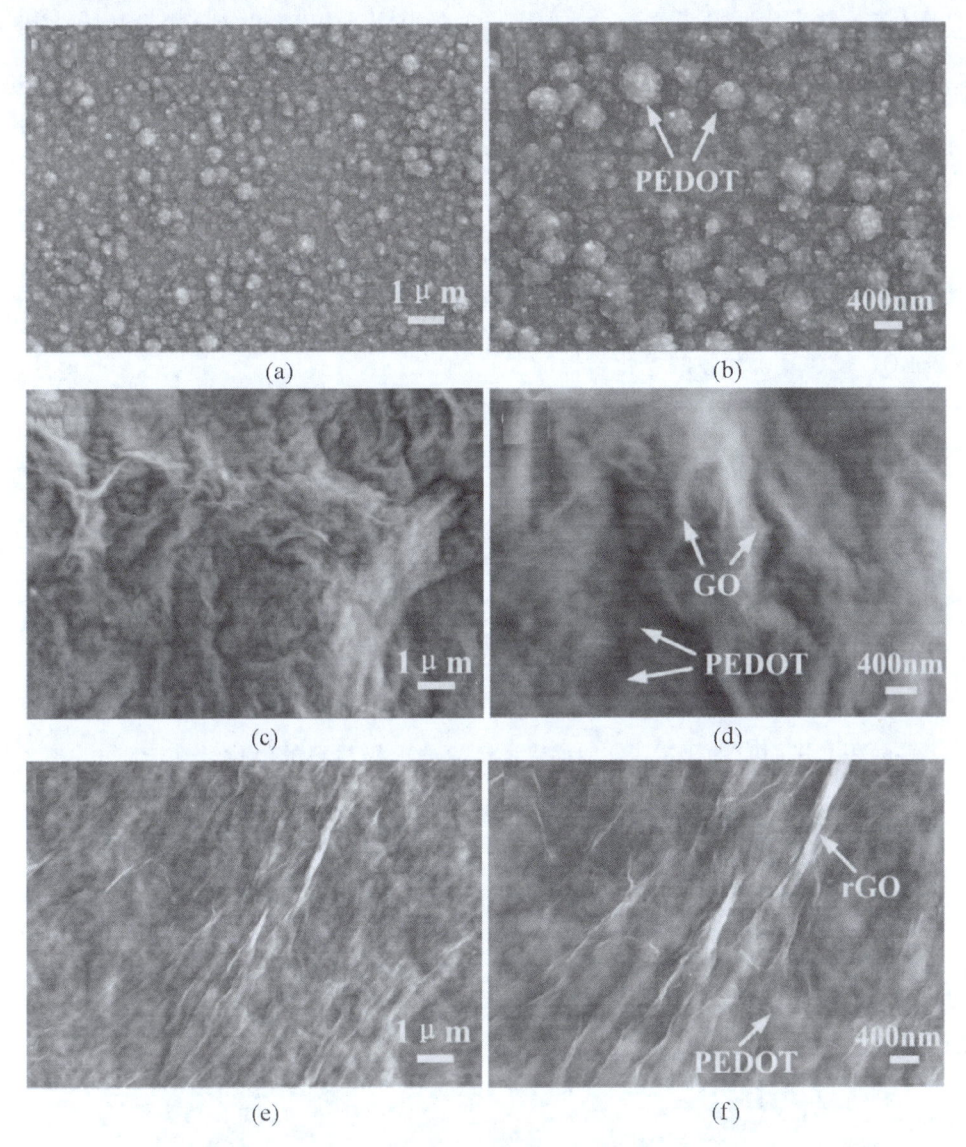

图 4-2　薄膜样品的 SEM 形貌图

(a)、(b) PEDOT　(c)、(d) PEDOT/GO 复合薄膜　(e)、(f) PEDOT/rGO 复合薄膜

虽然 PEDOT 薄膜的表面呈现不规则且具有高低起伏的褶皱结构,但在电化学聚合过程中的静电作用力使得 PEDOT 纳米颗粒可以附着在基底材料上,因此制备的 PEDOT 薄膜不易脱落,在基底表面具有较好的附着性,也有利于

改善 PEDOT 作为电极材料时的循环稳定性。图 4-2(c) 和 (d) 是 PEDOT/GO 复合薄膜的 SEM 图，显示 PEDOT 颗粒表面的 GO 纳米片因导电性差而没有呈现清晰的纳米片形貌。而经过激光直写工艺得到了 PEDOT/rGO 复合薄膜，其形貌如图 4-2(e) 和 (f) 所示。图 4-2(f) 是 PEDOT/rGO 复合薄膜的局部放大图，显示了在 PEDOT 纳米颗粒的表面覆盖了一层连续的具有透明丝绸状结构的 rGO 薄膜。在 PEDOT/rGO 复合薄膜中，由不连续的颗粒状结构组成的 PEDOT 薄膜为 rGO 提供了较多的接触位点，有利于降低 rGO 的团聚；同时具有褶皱结构的 rGO 嵌入到 PEDOT 聚合物基体中也为复合材料提供了三维导电网络结构，有利于提高复合材料在电化学反应过程中电子的传输效率，进而提高 PEDOT/rGO 复合薄膜的电化学性能[95]。

图 4-3 显示了 rGO 和 PEDOT/rGO 复合薄膜的 TEM 形貌表征图。其中，图 4-3(a) 是 rGO 的 TEM 图，由图可以清晰地看出具有透明丝绸状的褶皱结构，表明经过激光直写工艺处理后已成功制备了 rGO 薄膜样品。图 4-3(b) 是 PEDOT/rGO 复合薄膜的 TEM 图，显示在 rGO 纳米片层中嵌入了大量的 PEDOT 纳米颗粒，TEM 的形貌表征结果与上述 SEM 形貌图保持一致。PEDOT/rGO 复合薄膜中具有较高比表面积的 rGO 纳米片包覆在 PEDOT 纳米颗粒周围有利于 PEDOT 纳米颗粒赝电容比容量的引出，也增大了电极材料与电解液可利用的接触面积，进而有助于提高 PEDOT/rGO 复合电极材料的电化学性能。

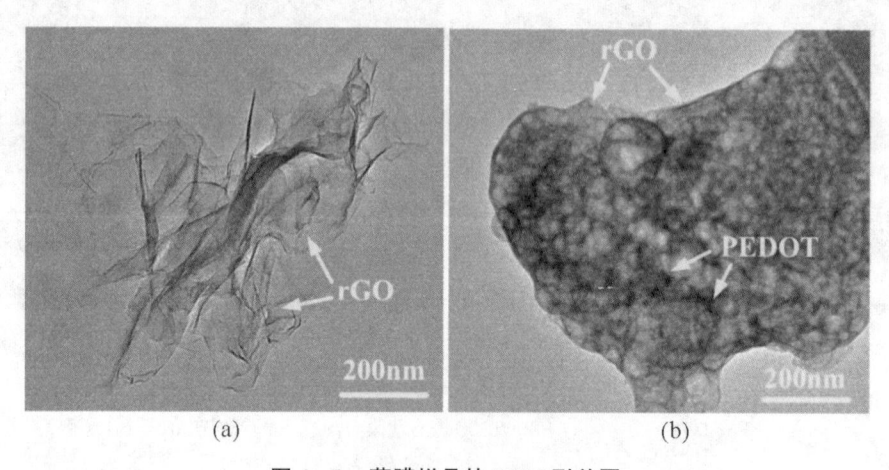

图 4-3　薄膜样品的 TEM 形貌图

(a) rGO　(b) PEDOT/rGO 复合薄膜

图 4-4 是 GO、rGO、PEDOT/rGO 和 PEDOT 薄膜样品的红外光谱图。其

中，图4-4(a)是GO的红外光谱测试图,由图可以观察到在1 724、1 618、1 411、1 219、1 047和847 cm^{-1}处存在明显的吸收峰,分别对应于C=O、C=C、C—OH、C—O、C—O—C键的伸缩振动,也证明了GO纳米片层中具有大量的含氧官能团。利用激光直写工艺处理GO薄膜后,对应产物中的含氧官能团的吸收峰明显减弱(如图4-4(b)所示),表明利用激光的热效应GO片层上的含氧官能团被去掉,成功制备了rGO薄膜[86]。对电化学聚合制备的PEDOT薄膜样品作红外光谱分析,结果如图4-4(c)所示。图中在1 637、1 510和1 319 cm^{-1}处的吸收峰分别对应于噻吩环上C=C和C—C键的伸缩振动[96],而1 186和1 072 cm^{-1}处的吸收峰归因于乙烯二氧基上的C—O—C伸缩振动,在972、920、和827 cm^{-1}处的吸收峰对应于噻吩环上C—S键的伸缩振动[97],这些特征峰的出现进一步证实了本实验已成功制备了PEDOT薄膜样品。图4-4(d)是PEDOT/rGO复合薄膜样品的红外光谱图,由图可知PEDOT和rGO的特征吸收峰都出现在了图4-4(d)光谱图中,以上表征结果证实了利用电化学聚合和激光直写工艺成功制备了PEDOT/rGO复合薄膜样品。

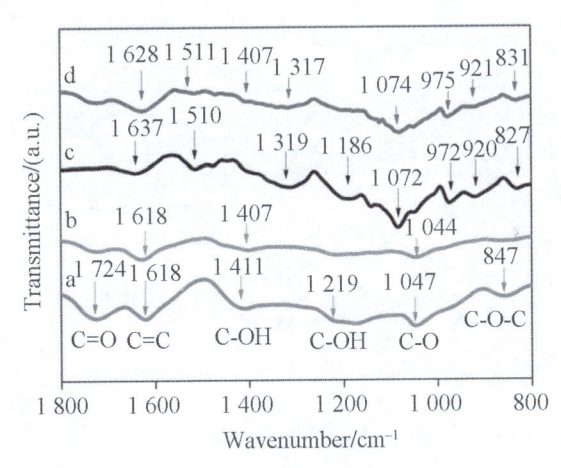

a— GO; b— rGO; c— PEDOT; d— PEDOT/rGO。

图4-4 薄膜样品的红外光谱图

图4-5是GO、rGO、PEDOT和PEDOT/rGO薄膜样品的拉曼光谱图。其中,图4-5(a)和(b)分别是GO和rGO的拉曼光谱图,在波数为1 359 cm^{-1}和1 595 cm^{-1}处分别是碳材料的D峰和G峰。其中,D峰对应于sp^{2}原子的伸缩模式,其强度受到六角排列的碳原子缺陷程度的影响,D峰越强表明材料中的缺陷越多;G峰对应于布里渊中心的E$_{2g}$声子,其强度受到碳材料有序程度

的影响；因此，D 峰和 G 峰的强度比（I_D/I_G）可以用来衡量碳材料的缺陷程度及有序性，I_D/I_G 的比值越大，表明缺陷越多、碳材料石墨化程度越小[88-89]，而 2D 峰（2 687 cm^{-1}）的是典型的石墨烯的特征峰的结构[87]。由图可以得出 GO 和 rGO 的 I_D/I_G 比值分别为 1.02 和 0.92，表明经过激光直写处理时 GO 表面的含氧官能团被移除，表面的缺陷减少，生成的 rGO 薄膜具有更好的石墨化程度[90-91]。图 4-5(c) 是 PEDOT 的拉曼光谱图，图中在波数为 1 548 和 1 487 cm^{-1} 归属于 $C_\alpha = C_\beta$ 非对称伸缩振动峰，1 433 cm^{-1} 处归属于 $C_\alpha = C_\beta$（—O）对称的伸缩振动峰，1 365 cm^{-1} 处归属于 $C_\alpha - C_\beta$ 伸缩振动峰，1 258 cm^{-1} 归属于 $C_\alpha - C_\alpha$ 伸缩振动峰，1 130 cm^{-1} 归属于 C—O—C 弯曲振动峰，988 cm^{-1} 和 577 cm^{-1} 归属于氧乙炔环的弯曲振动峰，854 cm^{-1} 和 705 cm^{-1} 归属于 C—S—C 对称弯曲峰，442 cm^{-1} 对应于 S—O 弯曲振动峰，以上测得的峰位也与已报道的文献中 PEDOT 的拉曼特征峰数据相吻合[98-99]。图 4-5(d) 是 PEDOT/rGO 复合薄膜样品的拉曼光谱图，图中显示了 PEDOT 的特征峰，而 rGO 中的 D、G、2G 峰均不明显，这可能是因为复合材料中 rGO 的峰强度相对较弱，被 PEDOT 的特征峰掩盖[100]。

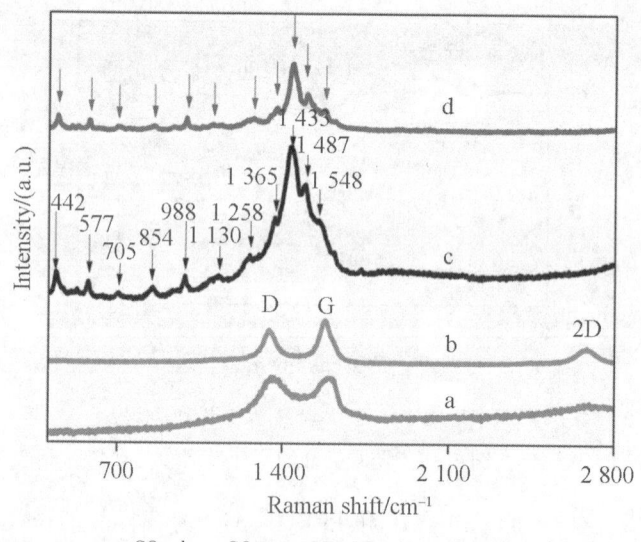

图 4-5 薄膜样品的拉曼光谱图

a— GO；b— rGO；c— PEDOT；d— PEDOT/rGO。

图 4-6 是 GO、rGO、PEDOT 和 PEDOT/rGO 薄膜样品的 XRD 谱图。其中，图 4-6(a) 显示在 $2\theta = 10.8°$ 处有衍射峰，对应于 GO 纳米片的 (001) 晶

面。经过激光处理后，所得产物的 XRD 图谱如图 4-6(b)所示，显示在 $2\theta=9.5°$ 处仅有一个微弱的衍射峰，同时在 $2\theta=26°$ 处出现了一个较强的衍射峰对应于 rGO 纳米片的(002)晶面，表明 GO 表面的含氧官能团大部分已被去掉，得到了还原程度较高的 rGO 薄膜样品[89,101]。图 4-6(c)是 EDOT 薄膜样品的 XRD 图，由于 PEDOT 薄膜具有无定型结构，因此图中在 2θ 为 $20°\sim30°$ 范围内有一个较宽的衍射峰[102]。此外，图 4-6(d)是 PEDOT/rGO 复合薄膜的 XRD 图谱，本测试结果与上述红外光谱、拉曼光谱的结果相一致，表明已成功制备了 PEDOT/rGO 复合薄膜样品。

a—GO；b—rGO；c—PEDOT；d—PEDOT/rGO。

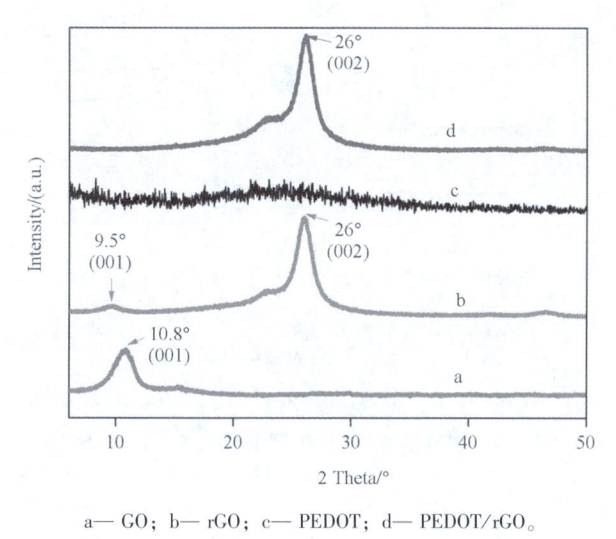

图 4-6 薄膜样品的 XRD 谱图

4.4 PEDOT/rGO 复合电极的电化学性能测试

本小节首先利用三电极测试系统在 1.0 mol/L H_2SO_4 电解液中对 rGO、PEDOT 和 PEDOT/rGO 电极样品的电化学性能进行了详细的表征分析。图 4-7 是 rGO、PEDOT 和 PEDOT/rGO 电极的循环伏安特性测试图。其中，图 4-7(a)是在扫描速率为 10 mV/s 时的 CV 对比图，由图可知 3 组样品的 CV 曲线都具有较好的对称性，显示它们均具有高度可逆的电容特性。并且在相同的扫描速率下，PEDOT/rGO 电极的 CV 曲线包围的面积比其他 2 组电极样品包围的面积更大，表明 PEDOT/rGO 复合电极具有最高的比容量。图 4-7(b)是 PEDOT/

rGO 薄膜电极在不同扫描速率下(5、10、30 和 50 mV/s)的 CV 图,当扫描速率扩大 10 倍,由 5 mV/s 增加到 50 mV/s 时,CV 曲线的形状仍维持原状,表明 PEDOT/rGO 复合电极具有较好的倍率特性。这主要是因为利用激光直写法得到的具有褶皱结构的 rGO 纳米嵌入到 PEDOT 纳米颗粒基体中(如图 4-2 所示),为复合电极材料提供了丰富的导电通道,即使在较高扫描速率下,复合电极与电解液离子间仍有足够的时间进行电荷的转移[103]。

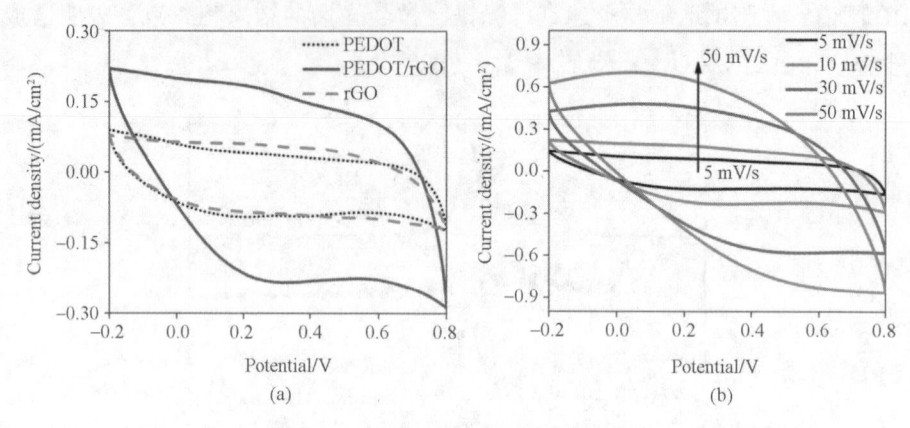

图 4-7 电极样品的循环伏安测试图

(a) rGO、PEDOT 和 PEDOT/rGO 薄膜电极在扫描速率为 10 mV/s 时的 CV 对比图

(b) PEDOT/rGO 薄膜电极在不同扫描速率下的 CV 图

图 4-8 是 rGO、PEDOT 和 PEDOT/rGO 电极的恒流充放电特性测试图。其中,图 4-8(a)是在电流速率为 0.2 mA/cm² 时的 GCD 对比图,由图可知在相同的电流密度下 3 组样品的放电时间有明显差异,PEDOT/rGO 电极的放电时间最长为 175 s,而 rGO 和 PEDOT 电极的放电时间分别为 44 s 和 52 s。根据 GCD 曲线及电极材料比容量的计算公式,可以得到 rGO、PEDOT 和 PEDOT/rGO 电极在电流密度为 0.2 mA/cm² 时的比容量分别为 11、13 和 43.75 mF/cm²,表明 PEDOT/rGO 电极具有较高的比容量。这是因为具有较高比表面的 rGO 纳米片为复合电极材料与电解液离子之间提供了较多的开放网络结构,在电化学反应过程中有利于提高电荷的传输效率、增加有效的电化学活性位点,同时作为赝电容材料的 PEDOT 纳米颗粒在氧化还原反应过程中产生的电子更容易被 rGO 纳米片的导电网络所收集并传输,进而提高其电化学反应效率,因此,rGO 纳米片与 PEDOT 纳米颗粒在界面处的协同作用共同提高了 PEDOT/rGO 复

合电极的电化学性能[104],这也和上述图4-7(a)的测试结果保持一致。图4-8(b)是PEDOT/rGO薄膜电极在不同电流密度下(0.05、0.2和0.3 mA/cm²)的GCD图。由图可知,当恒流充放电的电流密度由0.05 mA/cm²扩大60倍至0.3 mA/cm²时,测试的GCD曲线的放电时间明显在减少。这可能是因为增大施加的电流密度后,对电极材料的充电时间减少,使得电解液离子没有足够的时间发生电化学反应,进而降低了PEDOT/rGO复合电极的比容量[81,89,103]。

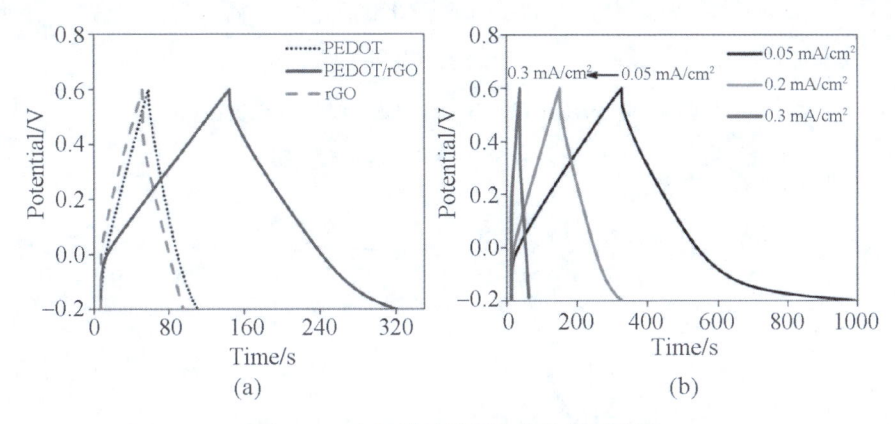

图4-8 电极样品的恒流充放电测试图

(a) rGO、PEDOT和PEDOT/rGO薄膜电极在电流速率为0.2 mA/cm²时的GCD对比图

(b) PEDOT/rGO薄膜电极在不同电流速率下的GCD图

循环稳定性是衡量超级电容器电极材料实用性的重要参数之一,本小节对rGO、PEDOT和PEDOT/rGO电极的循环稳定性进行了表征分析,结果如图4-9所示。当电流密度为0.2 mA/cm²时,经过1 000次的恒流充放电测试,PEDOT/rGO复合电极的比容量逐渐降低,并最终保持为初始值的83.6%,而rGO和PEDOT电极的保持率分别为74.2%和60.8%[105]。PEDOT纳米颗粒在多次的循环测试中,由于掺杂/去掺杂过程会引起纳米颗粒的收缩膨胀现象,其分子结构会产生不可逆的破坏,导致PEDOT电极的循环稳定性较差。利用激光直写工艺在PEDOT纳米颗粒的表面沉积一层rGO纳米片薄膜,具有较高比表面积的rGO纳米片嵌入到PEDOT纳米颗粒基体中,不仅可以缓解PEDOT纳米颗粒在循环过程中的体积变化效应,还有助于提高复合电极材料与电解液离子间可利用的比表面积,显著改善了PEDOT/rGO复合电极的循环稳定性[101,106-107]。

图4-10是rGO、PEDOT和PEDOT/rGO电极样品在0.01 Hz到100 kHz

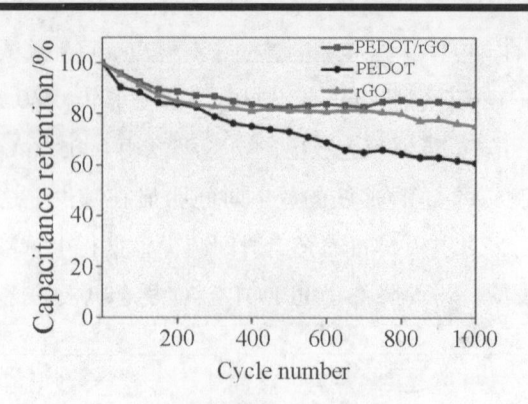

图 4-9　rGO、PEDOT 和 PEDOT/rGO 电极在

0.2 mA/cm² 时的循环稳定性测试图

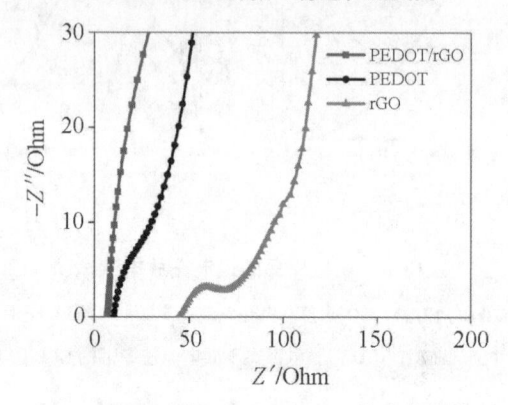

图 4-10　rGO、PEDOT 和 PEDOT/rGO 薄膜电极的 EIS 对比图

频率测试范围内的电化学交流阻抗特性(EIS)对比图。典型的 EIS 曲线都是由高频区的半圆弧和低频区的直线组成，EIS 曲线在高频区与实轴的截距是电化学测试体系的等效串联电阻(Rs)，高频区半圆的直径表征了在电极材料与电解质界面处发生法拉第反应时的电荷转移电阻(Rct)，而低频区的斜线可以用来表征电极材料的电容特性[108-109]。由图可知，rGO、PEDOT 和 PEDOT/rGO 电极样品的 Rs 分别为 44.50、10.27 和 6.7 Ω，表明 PEDOT/rGO 复合电极材料内部的本征电阻、电解质的欧姆电阻、及电极材料和电解质的接触电阻之和是 3 组样品中最小的。此外，由于 PEDOT/rGO 复合电极的 Rct 较小，因此在 EIS 曲线中没有明显的半圆出现，而 Rct 越小表明电极材料导电性越好、也越容易发生电化学反应。在低频区，PEDOT/rGO 复合电极的 EIS 曲线的斜线的斜率比其他 2 组样品的斜率更大，表明 PEDOT/rGO 复合电极具有较好的电容特性[81,89]。

4.5 基于 PEDOT/rGO 复合电极微型超级电容器组装

本小节设计了基于 PEDOT/rGO 复合薄膜的平面叉指型电极结构,其中叉指电极的尺寸为:叉指长 L = 8 mm,宽 W = 1 mm,指间距 I = 0.5 mm,同时把不需要的部分用激光切割机切除掉,最终得到定制的平面叉指型电极结构。电极材料的负载量约为 10 mg/cm^2,并依据第 3.2 及 3.4 节制备和组装全固态微型超级电容器。

4.6 基于 PEDOT/rGO 复合电极微型超级电容器电化学性能测试

图 4-11 是基于 PEDOT/rGO 复合电极的全固态微型超级电容器的电化学性能表征图,其工作电压范围为 0~1.0 V。图 4-11(a)是器件在扫描速率为 5、10、20、30、40 和 50 mV/s 时的循环伏安测试图,由图可知随着扫描速率的增加,CV 曲线的形状没有明显的畸变且具有较好的对称性,说明基于 PEDOT/rGO 的全固态微型超级电容器具有较好的倍率特性及高度可逆的电化学反应过程。图 4-11(b)是器件在不同电流密度下的 GCD 曲线图,由图可知其充电曲线和放电曲线具有较好的对称性,表明制备的微型超级电容器具有较高的库伦效率。当施加的恒流充放电的电流密度逐渐增大时,其对应的放电时间在减少,即器件的比容量在下低。根据微型超级电容器比容量的计算公式及 GCD 曲线可以得到在电流密度为 4.2、8.4、16.8、25.2、33.6、42 和 58.8 μA/cm^2 时,其比容量分别为 4.03、3.70、3.36、3.1、2.9、2.72 和 2.45 mF/cm^2,不同电流密度下与比容量的关系如图 4-11(c)中的柱状图所示。当电流密度增大 10 倍时,其比容量仍能保持初始值的 67%,表明基于 PEDOT/rGO 复合电极的全固态微型超级电容器具有较好的倍率特性。微型器件较好的柔韧性是能够实用化的必备条件,因此本小节也对制备的微型超级电容器在不同弯曲角度下的循环伏安特性进行了表征分析,结果如图 4-11(d)所示。当器件处于不同的弯曲状态(0°、90°、120°和 180°)时,在 10 mV/s 的扫描速率下其 CV 曲线基本重合,表明本实验组装的基于 PEDOT/rGO 复合电极

微型超级电容器具有较好的机械柔韧性。

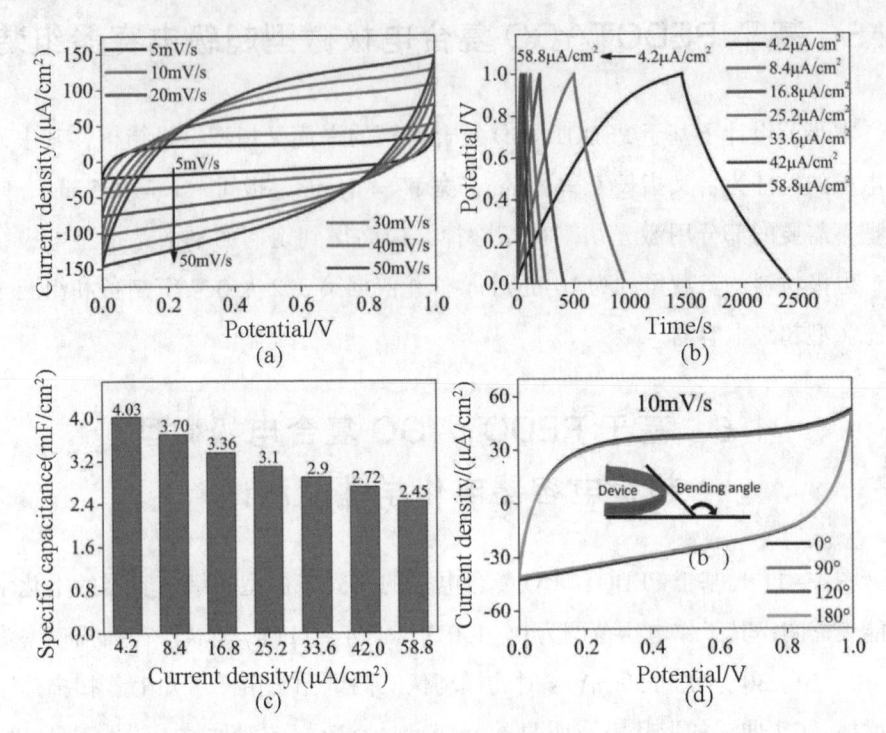

图4-11　基于PEDOT/rGO复合电极的全固态微型超级电容器的电化学性能表征

(a) 在不同扫描速率下的CV曲线　(b) 在不同电流密度下的GCD曲线　(c) 在不同电流密度下的比容量的关系图　(d) 扫描速率为10 mV/s器件在不同弯曲状态下的CV曲线图

图4-12是基于PEDOT/rGO复合电极的全固态微型超级电容器的循环稳定性测试图。设置电流密度为4.2 μA/cm², 器件在前1 000次的恒流充放电循环测试后,其比容量有所增大,这可能是因为前期的恒流充放电过程有助于活化电极材料的电化学性能,降低电极材料与凝胶电解质间的接触内阻,进而提高其储能效率。经过5 000次的循环后,其比容量仍可以保持原有的94.5%,表明本小节组装的基于PEDOT/rGO复合电极的全固态微型超级电容器具有较好的循环稳定性。插图是微型超级电容器循环测试前、后的EIS曲线对比图,由图可知经过5 000次循环测试后,器件的电荷转移内阻略有增大,使得电极与凝胶电解质离子间的发生电化学反应的阻力增加,最终导致器件比容量的降低。虽然在电化学反应过程中的伸缩膨胀效应会破坏电极材料上分子结构的完整性,降低了电化学反应效率;但凝胶电解质具有"胶水"的作用使其与电极材料可以牢固地结合在一起,进而提高了器件的循环稳定性。

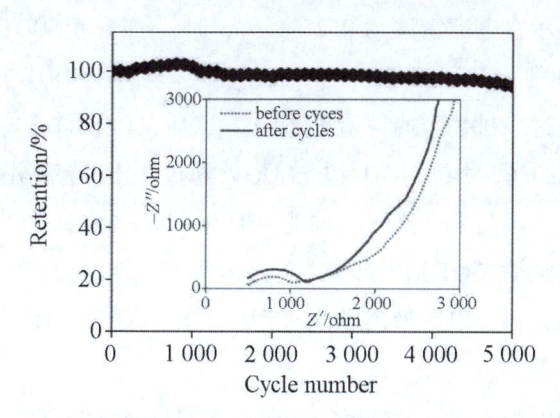

图4-12 基于PEDOT/rGO复合电极的全固态微型超级电容器

在电流密度为4.2 μA/cm² 时的循环稳定性测试图

4.7 本章小结

针对单一rGO纳米片层容易团聚及由此组装的微型超级电容器因储能密度较小，而无法满足实际需求的问题，本章节采用电化学聚合和激光直写工艺制备了PEDOT/rGO复合电极材料，由电化学聚合制备的PEDOT纳米颗粒可以为rGO提供较多的接触位点，有利于降低rGO片层间的团聚；同时具有较高比表面积的rGO纳米片也为复合材料提供了丰富的导电通道，促进了在电化学反应过程中电子的传输效率，使得PEDOT/rGO复合薄膜的电化学性能得到明显提升。本章首先对制备的rGO、PEDOT和PEDOT/rGO薄膜样品的形貌、成分及电化学性能进行了详细的表征分析；然后再利用PVA/H_3PO_4凝胶电解质与PEDOT/rGO复合电极一起组装成平面叉指型的全固态微型超级电容器，并对其储能特性及循环寿命进行了研究。主要研究成果如下。

1. 采用电化学聚合和激光直写工艺制备rGO、PEDOT和PEDOT/rGO电极材料。并利用SEM、TEM、红外、拉曼、XRD表征方法对薄膜样品的形貌、成分及结构进行了对比分析。覆盖在PEDOT纳米颗粒表面的rGO纳米片可以为电解液离子间提供了较多的开放网络结构，同时作为赝电容材料的PEDOT纳米颗粒在氧化还原反应过程中产生的电荷更容易被rGO的导电网络所收集并快速传输，进而提高PEDOT/rGO复合电极的电化学反应效率。

2. 对rGO、PEDOT和PEDOT/rGO电极材料的电化学性能进行了对比分析。实验结果显示在电流密度为 0.2 mA/cm² 时，rGO、PEDOT 和 PEDOT/rGO 电极的比容量分别为 11、13 和 43.75 mF/cm²，表明 PEDOT/rGO 电极具有最高的比容量。经过 1 000 次的恒流充放电测试后，PEDOT/rGO 复合电极的比容量可以保持 83.6%，而 rGO 和 PEDOT 电极的保持率分别为 74.2% 和 60.8%。这主要是因为具有褶皱结构的 rGO 纳米片嵌入到 PEDOT 聚合物基体中，不仅可以缓解 PEDOT 纳米颗粒在电化学反应过程中的体积变化效应，还有助于提高电极材料与电解液离子间可利用的比表面积，使得 PEDOT/rGO 复合电极具有较好的比容量和循环特性。

3. 基于 PEDOT/rGO 复合电极的全固态微型超级电容器的组装及其电化学性能评估测试。在电流密度为 4.2 μA/cm² 时，微型超级电容器的比容量为 4.03 mF/cm²，经过 5 000 次的恒流充放电循环后其比容量仍可保留 94.5%，表明器件具有优异的循环稳定性。当器件处于不同的弯曲状态(0°、90°、120°和 180°)时，其 CV 曲线图基本重合，证明了本实验组装的基于 PEDOT/rGO 复合电极的微型超级电容器具有较好的机械柔韧性，这也为微型储能器件在可穿戴电子领域的应用提供了一种可行性方案。

第五章　基于 rGO/MWCNT 复合电极微型超级电容器组装及其储能特性研究

低成本、微型化、长寿命、高效率且可以稳定输出的微型超级电容器一直是微型储能器件领域研究的热点之一，也是可穿戴电子设备得以被广泛应用的关键。然而，目前微型超级电容器的发展还处于初期阶段，因此如何在提高微型超级电容器能量密度的同时又不会降低其功率密度和循环稳定性成为本领域研究的难点[8,103]。

石墨烯基材料以其独特的结构、超高的比表面积、优异的导电性和良好的机械稳定性，被广泛认为是一种极具发展前景的电极材料，但易团聚的特性致使其比表面积不能被充分地利用。其中，采用石墨烯基材料与过渡金属氧/硫化物、导电聚合物、碳材料等的复合，并通过对复合材料的合理设计与调控，增大电解液离子可接触的电极材料的比表面积、增强电极材料与电解液离子的浸润性，降低系统的接触内阻、提高电化学反应效率，是一种行之有效的提高微型超级电容器电化学性能的方法。上一章中利用电化学聚合和激光直写工艺制备了基于 PEDOT/rGO 复合电极的全固态微型超级电容器，但在电化学聚合 PEDOT 纳米颗粒的实验中需要用导电的 ITO 材料作为基底，且聚合过程中电化学池的大小、作为辅助电极的铂金属电极的尺寸均会对制备结果产生影响，这也在一定程度上限制了其在微型超级电容器领域的应用。

针对以上问题，选取典型的二维材料－石墨烯作为基体材料，采用嵌入异质结构扩大层间距的方法，以降低团聚、同时增加电化学活性位点。而一维结构的 MWCNT 具有电导率高、柔韧性好的特点，尤其是经酸化处理后它的端口和外表面会含有一定数量的活性基团。因此利用 rGO 与 MWCNT 复合可以提供大量的活性位点及高效的电荷迁移，有助于提高复合电极的储能密度。本章利用激光直写法把 GO/MWCNT 薄膜制备成基于 rGO/MWCNT 的微型超级电容器的器件结构，并采用 SEM、TEM、红外、拉曼和 XRD 对 rGO/MWCNT 复合电极材料的形貌、成分及电化学性能进行了表征。此外，还组装了基于 rGO/MWCNT 复合电极的全固态微型超级电容器及其串并联阵列器件，并对它们的恒流充放电特性、循环伏安特性及交流阻抗特性进行了深入探讨。

5.1 实验原材料及相关设备

本章实验采用的原材料和相关设备信息见表 5-1 所列。

表 5-1 实验原材料及相关设备信息列表

名称	生产厂家	备注
氧化石墨	南京先锋纳米科技有限公司	≥99%
浓硫酸(H_2SO_4)	成都科龙化工药品有限公司	98%
磷酸(H_3PO_4)	成都科龙化工药品有限公司	分析纯
浓硝酸(HNO_4)	成都科龙化工药品有限公司	68%
高锰酸钾($KMnO_4$)	成都科龙化工药品有限公司	分析纯
双氧水(H_2O_2)	成都科龙化工药品有限公司	30%
柔性 PET 基底	常州威盛塑胶有限公司	—
聚乙烯醇(PVA)	美国 Sigma-Aldrich 公司	分子量为 125 000
多壁碳纳米管(MWCNT)	南京先锋纳米科技有限公司	10~30 μm
丙酮(CH_3COCH_3)	成都科龙化工药品有限公司	分析纯
无水乙醇(CH_3CH_2OH)	成都科龙化工药品有限公司	分析纯
超纯水设备	四川优谱超纯科技有限公司	UPH-I-5T
电子天平	赛多利斯仪器(北京)有限公司	BSA-124S
超声清洗仪	上海之信仪器有限公司	DL-120E
台式高速离心机	四川蜀科仪器有限公司	TG-18
真空干燥箱	成都天宇电烘箱厂	DZ-1Ⅱ
恒温鼓风干燥箱	成都晟杰科技有限公司	DHG-9035A
数显恒温测速磁力搅拌器	江阴市保利科研器械有限公司	HJ-6B
烧杯/量筒等玻璃器皿	成都科龙化工药品有限公司	—
真空冷冻干燥机	赛飞(中国)有限公司	Biosafer-10A
电化学工作站	上海辰华仪器有限公司	CHI660D

5.2 rGO/MWCNT 复合电极制备

利用激光直写工艺制备 rGO/MWCNT 复合电极（制备流程如图 5-1 所示）的实验方案如下。

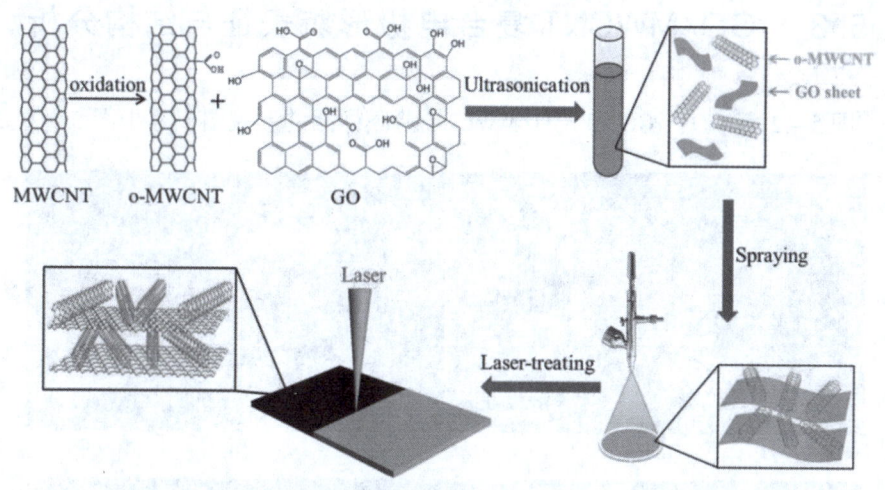

图 5-1 激光直写工艺制备 rGO/MWCNT 的流程图

① 氧化石墨烯（GO）水分散液的制备：

制备 2 mg/mL 的 GO 水分散液以备实验使用。具体实验步骤参见第 3.2 节的实验过程。

② 柔性 PET 基底的处理：

具体实验步骤参见第 3.2 节的实验过程。

③ MWCNT 的预处理：

首先取 15 mL 的浓硫酸逐滴加入到 5 mL 的浓硝酸中，并在冰水浴中磁力搅拌 1 小时使其混合均匀。再向上述溶液中加入 50 mg 的 MWCNT 并放入超声清洗仪内在 60 ℃超声分散 2 小时，使得 MWCNT 的表面带有羟基、羧基等含氧官能团，以增强 MWCNT 在水中的浸润性。随后把得到的产物用去离子水多次抽滤清洗直到滤液呈中性，再把得到的 MWCNT 样品放入真空干燥箱中 80 ℃烘干备用。

④ GO/MWCNT 复合薄膜的制备：

先取上述制备摩尔比为 4∶1 的 GO 与 MWCNT 溶于去离子水中超声分散 4 小时得到均匀的混合溶液，利用喷涂工艺在 PET 柔性基底上沉积一层

GO/MWCNT 复合薄膜，并放置于室温环境中 24 小时自然晾干。

⑤ rGO/MWCNT 复合薄膜的制备：

利用激光直写工艺把 GO/MWCNT 还原为 rGO/MWCNT 复合薄膜。具体实验步骤参见第 3.2 节的实验过程。

5.3 rGO/MWCNT 复合电极形貌表征与结构分析

图 5-2 是 GO、rGO 和 rGO/MWCNT 薄膜样品的形貌图，其中图 5-2(a)

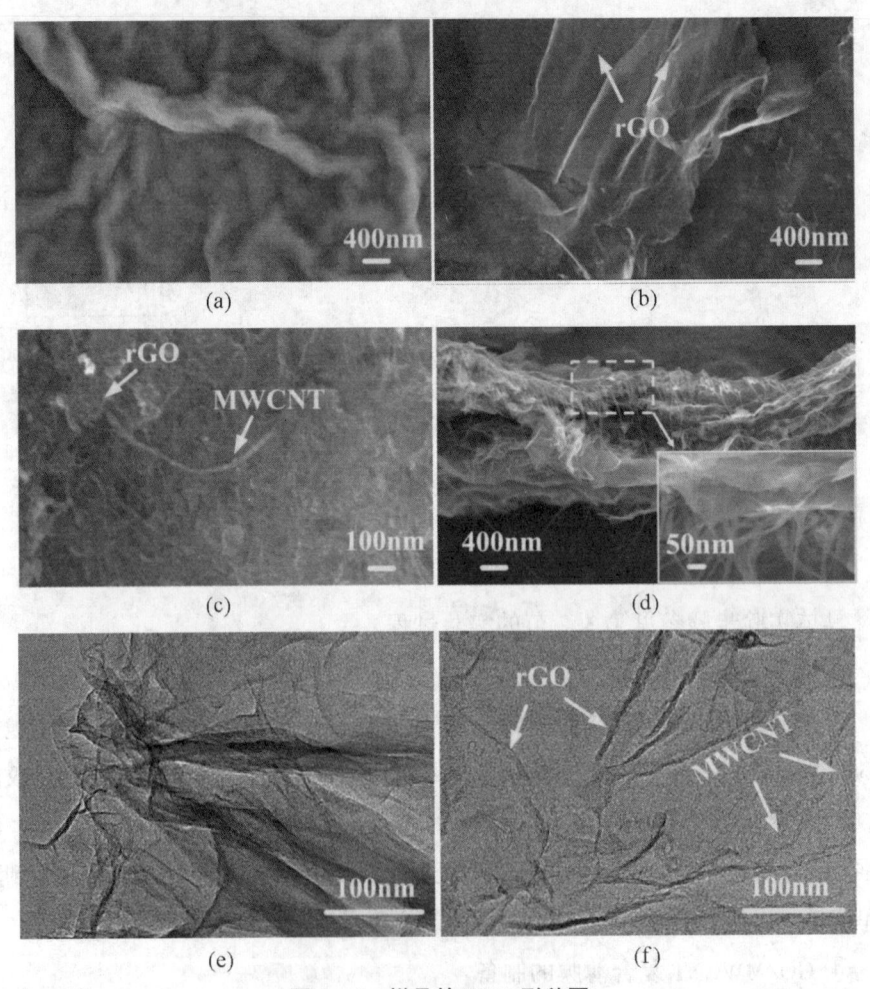

图 5-2　样品的 SEM 形貌图

(a) GO　(b) rGO　(c) rGO/MWCNT 的俯视图　(d) rGO/MWCNT 的截面图。样品的 TEM 形貌图
(e) rGO　(f) rGO/MWCNT 复合薄膜

第五章 基于 rGO/MWCNT 复合电极微型超级电容器组装及其储能特性研究

是 GO 纳米片的 SEM 图，采用激光还原工艺，激光的热还原效应使得 GO 表面的官能团被去掉而形成 rGO，其 SEM 表征如图 5-2(b)所示。图中显示了典型的 rGO 透明波纹状的形貌结构，这种具有高比表面积的结构可以为电解液离子提供更多的吸附位点[101]。图 5-2(c)和(d)分别是 rGO/MWCNT 薄膜样品 SEM 的俯视图和截面图，可以明显观察到 MWCNT 分散在 rGO 纳米片表面或插入片层间，具有电导率高、柔韧性好的 MWCNT 在 rGO/MWCNT 复合薄膜中与 rGO 纳米片交织在一起，不仅有助于缓解 rGO 纳米片因范德华作用力而引起的团聚效应，还可以为复合薄膜提供丰富的导电通路、增强其机械稳定性。此外，rGO 的 TEM 形貌图也显示了纳米片的褶皱结构，如图 5-2(e)所示。图 5-2(f)是 rGO/MWCNT 复合薄膜的 TEM 形貌图，显示 MWCNT 在透明的 rGO 纳米片层间分布，也进一步证明了经过激光直写工艺处理后，已经成功制备了 rGO/MWCNT 复合薄膜。此外，MWCNT 与 rGO 纳米片在复合过程中形成的相互连通的导电网络结构不仅促进了电荷的快速转移提高其电化学反应效率，也为电解液离子提供了更多可利用的比表面积，进而有助于提高 rGO/MWCNT 复合材料的储能特性[110]。

图 5-3(a)、(b)和(c)分别是 GO、rGO 和 rGO/MWCNT 薄膜样品的拉曼光谱图。D 峰表征六角排列的碳原子缺陷程度；G 峰表征碳材料的有序程度；而 2D 峰是典型的石墨烯特征峰的结构[87]。因此，D 峰和 G 峰的强度比(I_D/I_G)可以用来衡量碳材料的缺陷程度及有序性，I_D/I_G 的比值越大，表明缺陷越多[88-89]。由图可知 GO、rGO 和 rGO/MWCNT 薄膜样品在 D 波段(约 1 350 cm^{-1})和 G 波段(约 1 590 cm^{-1})的 I_D/I_G 值分别为 1.02、0.92 和 0.96。GO 经过激光辅助工艺处理后，其 I_D/I_G 值变小，说明在热还原过程后得到的 rGO 薄膜样品的缺陷减少[89]。而 rGO 和 rGO/MWCNT 样品的 I_D/I_G 值从 0.92 增加到 0.96，表明 rGO/MWCNT 纳米复合材料的表面无序性增加。这可能是因为 MWCNT 插入到 rGO 片层中缓解了原本的堆叠现象，增加了电化学活性位点，宏观上呈现出复合材料成分的无序性[111]。此外，图 5-3(b)和(c)中出现了明显的 2D 峰(约 2 686 cm^{-1})，也证明了 GO 已经被成功还原为 rGO[90,101]。

图 5-4(a)、(b)和(c)分别是 GO、rGO 和 rGO/MWCNT 薄膜样品的红外光谱图。其中，图 5-4(a)显示在波数为 1 726、1 623、1 411 和 1 235 cm^{-1}、1 165 和 1 044、850 cm^{-1} 处的特征峰分别对应于 C=O、C=C、C—OH、C—

· 63 ·

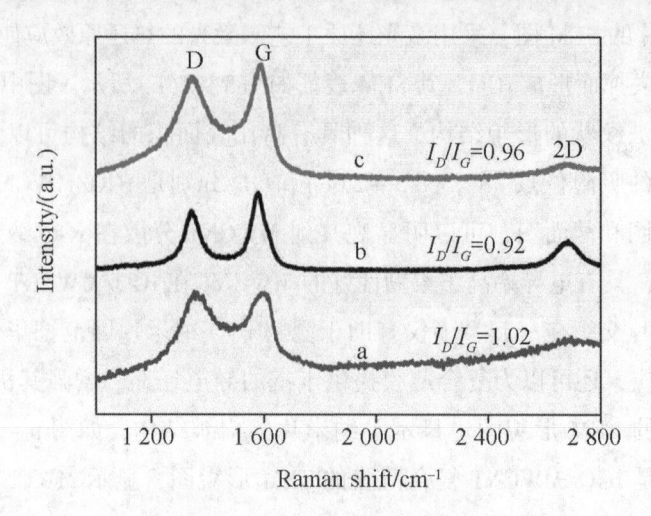

a— GO； b— rGO； c— rGO/MWCNT。

图 5-3 薄膜样品的拉曼光谱图

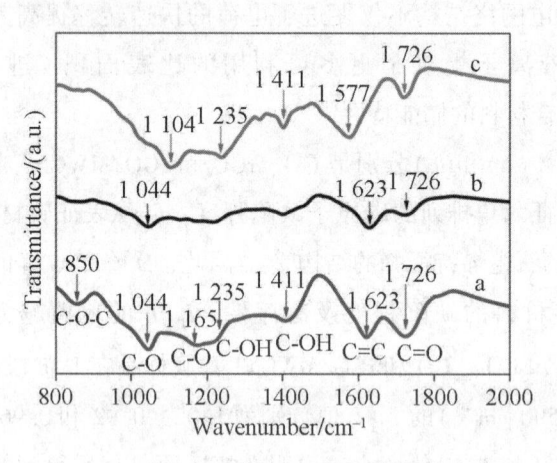

a— GO； b— rGO； c— rGO/MWCNT。

图 5-4 薄膜样品的红外光谱图

O、C—O—C 的伸缩振动，说明 GO 纳米片中含有大量的羟基、羧基等含氧官能团。经过激光直写工艺处理后薄膜样品中含氧官能团的吸收峰强度（如 C═O，C—OH 和 C—O—C）明显减弱，表征结果如图 5-4（b）所示，表明已成功制备 rGO 薄膜样品[86]。图 5-4（c）是 rGO/MWCNT 薄膜样品的红外光谱图，由图可知在波数为 1 726 cm^{-1}（C═O）、1 577 cm^{-1}（C═C）、1 411 cm^{-1}（C—OH）、1 235 cm^{-1} 和 1 104 cm^{-1}（C—O）处的特征峰强度比对应的 rGO 薄膜样品中的强度更大，是因为预处理的 MWCNT 表面附着大量的含氧官能团。功能化的 MWCNT 的加入不仅可以降低 rGO 纳米片的团聚，同时也为复合材料提供了丰富的空隙，增强了电极材料与电解液离子的浸润性[112]。

本小节也利用 XRD 图谱对 GO、rGO 和 rGO/MWCNT 薄膜样品的晶型结构进行了表征分析，结果如图 5-5 所示。图 5-5(a) 是 GO 的 XRD 图，可以明显观察到在 2θ 为 10.8°处有一个较强的衍射峰对应于 GO 的(001)晶面，表明 GO 纳米片上存在大量的含氧官能团。图 5-5(b) 是 rGO 的 XRD 测试图，显示 2θ 为 9.5°处有一个较弱的衍射峰，而在 2θ 为 26°处有一个较强的衍射峰对应于 rGO 的(002)晶面，表明经过激光处理后，由于热还原效应 GO 表面的含氧官能团被去掉进而成功制备了 rGO。图 5-5(c) 的特征衍射峰与图 5-2(d) 的 SEM 形貌图共同证明了已成功制备 rGO/MWCNT 薄膜样品[113]。

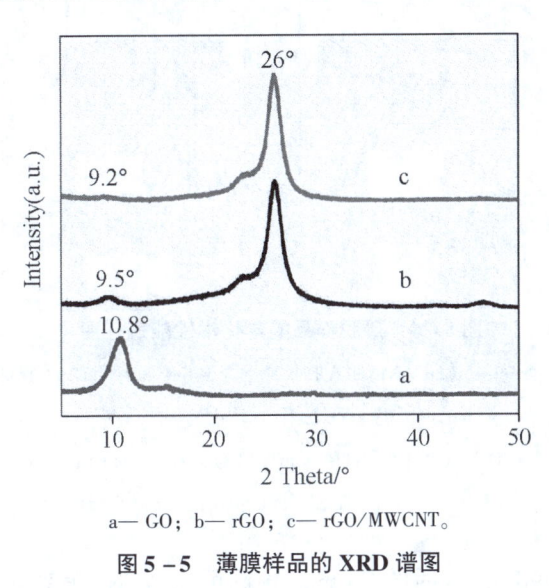

a— GO；b— rGO；c— rGO/MWCNT。

图 5-5　薄膜样品的 XRD 谱图

5.4　rGO/MWCNT 复合电极的电化学性能测试

本小节首先利用三电极测试系统在 1.0 mol/L H_2SO_4 电解液中对 rGO 和 rGO/MWCNT 电极样品的电化学性能进行了详细的表征分析。图 5-6(a) 是 rGO 与 rGO/MWCNT 在扫描速率为 50 mV/s 时的 CV 对比图，可以发现在相同的扫描速率下，rGO/MWCNT 电极样品的 CV 曲线包围的面积较大，表明 rGO/MWCNT 复合电极的比容量较高。图 5-6(b) 是 rGO/MWCNT 复合电极在扫描速率

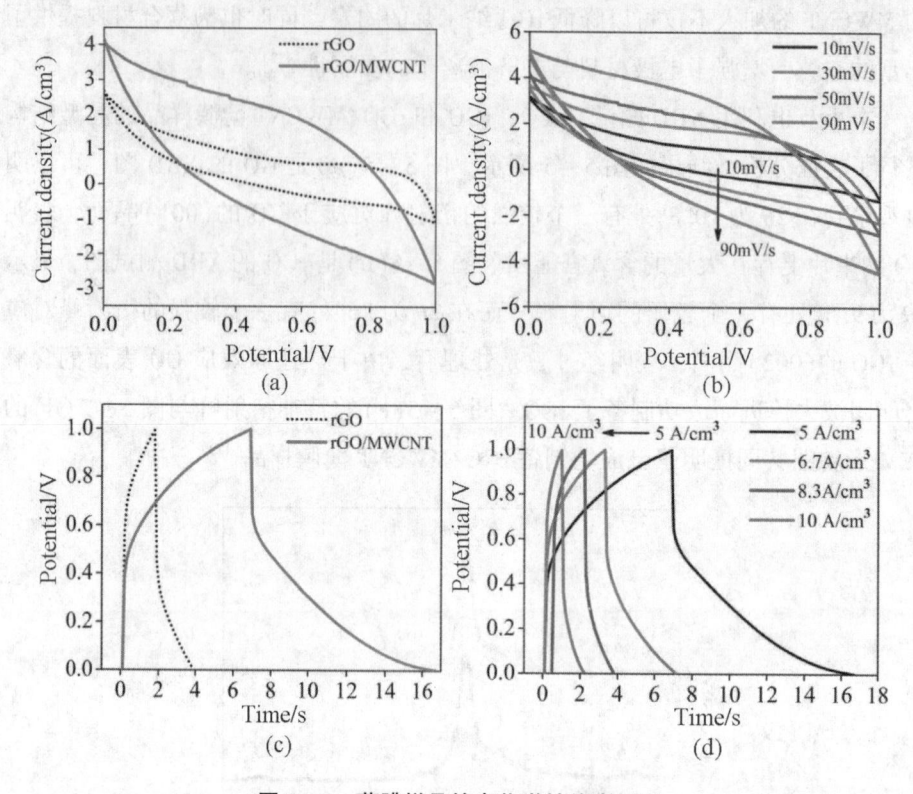

图 5-6　薄膜样品的电化学性能表征图

(a) rGO 与 rGO/MWCNT 在扫描速率为 50 mV/s 时的 CV 对比图

(b) rGO/MWCNT 在不同扫描速率时的 CV 图

(c) rGO 与 rGO/MWCNT 在电流密度为 5 A/cm³ 的 GCD 对比图

(d) rGO/MWCNT 在不同电流密度时的 GCD 图

为 10、30、50 和 90 mV/s 时的 CV 图，由图可知当扫描速率由 10 mV/s 增大到 90 mV/s 时，CV 曲线的形状仍维持原状且具有较好的对称性，表明 rGO/MWCNT 复合电极材料具有较好的倍率特性及高度可逆的电化学反应[114]。图 5-6(c) 是 rGO 与 rGO/MWCNT 在电流密度为 5 A/cm³ 时的 GCD 对比图，由图可知在相同的电流密度下 2 组样品的放电时间有明显差异，rGO/MWCNT 复合电极的放电时间较长为 9.87 s，而 rGO 的放电时间仅有 2.22 s。并且根据 GCD 曲线及电极材料比容量的计算公式，可以得到 rGO 与 rGO/MWCNT 电极材料在电流密度为 5 A/cm³ 容量分别为 11.1 和 49.35 F/cm³，表明 rGO/MWCNT 电极具有较好的储能特性。图 5-6(d) 是 rGO/MWCNT 复合电极在电流密度为

5、6.7、8.3 和 10 A/cm³时的 GCD 对比图,显示了当恒流充放电的电流密度由 5 A/cm³扩大至 10 A/cm³时,其放电时间明显在减少。这是因为当施加的电流较大时,电解液离子没有充足的时间参与电化学反应,降低了电极材料的利用率[111]。

图 5-7 是 rGO 和 rGO/MWCNT 电极材料的循环稳定性测试图。由图可知当电流密度为 5 A/cm³时,rGO 电极在前 850 个循环测试后其比容量有明显的衰减之后趋于稳定,在经过 1 000 个循环测试后其比容量保持率为 70%。而 rGO/MWCNT 电极在前 300 个循环测试后其比容量损失了约 9%,之后继续循环测试时其容量值趋于稳定,且经过 1 000 个循环测试后比容量保持原有的 85.5%。这可能是因为单一 rGO 电极材料的纳米片层之间的结合力较弱,在长时间的循环测试过程中,水系电解液离子与 rGO 纳米片层间反复地吸附/脱附的电化学反应会伴随着 rGO 的体积膨胀现象发生,进而降低了材料结构的稳定性,导致 rGO 的比电容迅速降低。而 rGO/MWCNT 复合电极中具有纵横比高和电导率好的 MWCNT 的加入使得 MWCNT 与 rGO 纳米片之间相互交织在一起,在循环测试过程中有利于提高复合材料的机械稳定性。同时 MWCNT 也可以有效降低 rGO 的团聚、提高复合材料的孔隙率,进而促进了电解液离子渗透到复合电极材料内部,因此 rGO/MWCNT 复合电极的循环稳定性有明显的提高[115-116]。

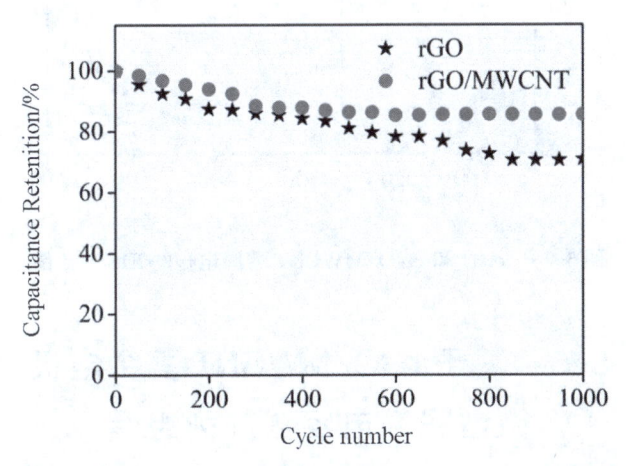

图 5-7 rGO 和 rGO/MWCNT 电极在电流密度为 5 A/cm³时的循环稳定性测试图

图 5-8 是 rGO 和 rGO/MWCNT 电极材料在频率为 0.01 Hz 到 100 kHz 平频率范围内的 EIS 曲线对比图,由图可知这 2 组样品的 EIS 图都是由高频区的

半圆弧和低频区的斜线组成。其中，EIS 曲线在高频区与实轴的截距是电化学测试体系的等效串联电阻(Rs)，它是电极材料内部的本征电阻、电解质的欧姆电阻、电极材料和电解质的接触电阻之和；高频区半圆的直径表征了在电极材料与电解质界面处发生法拉第反应时的电荷转移电阻(Rct)，电荷转移电阻越小表示电极材料越容易发生电化学反应；而低频区的斜线可以表征电解质离子在电极材料内部的扩散电阻，斜线的斜率越大表示电极材料的电容特性越好[55]。其中，插图是 EIS 曲线的局部放大图，可以发现与 rGO 相比，rGO/MWCNT 复合电极具有更小的 Rs 和 Rct，表明 rGO/MWCNT 的接触内阻及电荷转移内阻较低。这可能是因为经过酸化处理的 MWCNT 增强了 rGO/MWCNT 复合电极的浸润性，有助于降低电极材料与电解液离子间的接触内阻。同时 rGO/MWCNT 复合电极中 MWCNT 与 rGO 形成的相互交织的开放网状结构也有助于提高电化学反应过程中电子的传输效率、增加电化学活性位点、缩短电解液离子到电极材料的扩散距离，使得 rGO/MWCNT 复合电极表现出优异的阻抗特性[110,117]。

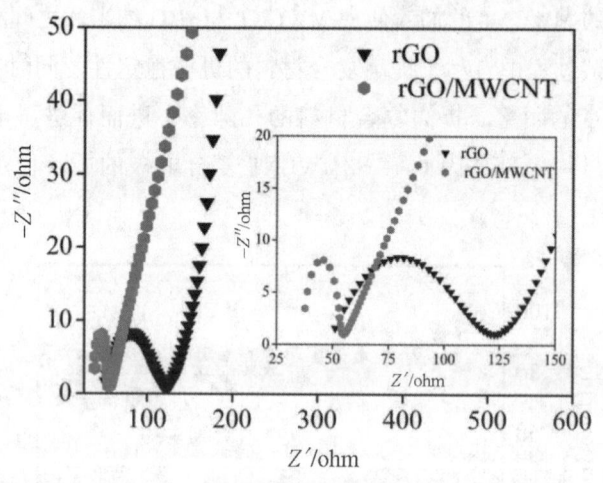

图 5-8 rGO 和 rGO/MWCNT 薄膜电极的 EIS 对比图

5.5 基于 rGO/MWCNT 复合电极微型超级电容器阵列组装

本小节设计了基于 rGO/MWCNT 复合电极的平面叉指型电极结构，其中叉指电极的尺寸为：叉指长 $L = 8$ mm，宽 $W = 1$ mm，指间距 $I = 0.5$ mm。并依

第五章 基于 rGO/MWCNT 复合电极微型超级电容器组装及其储能特性研究

据 3.2 及 3.4 节的步骤制备和组装全固态微型超级电容器。图 5-9 是本小节组装的基于 rGO/MWCNT 复合电极的全固态微型超级电容器阵列器件实物图。

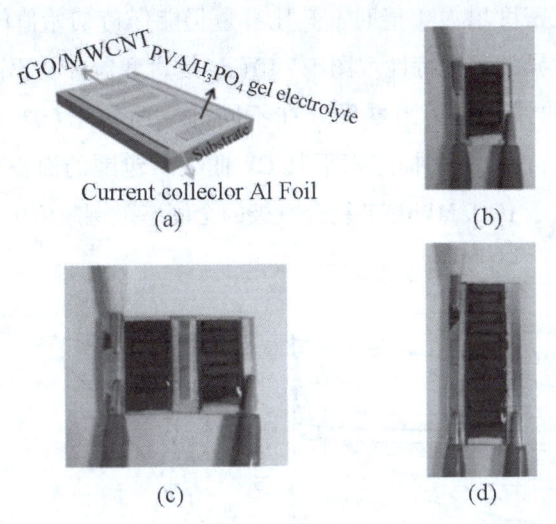

图 5-9 组装基于 rGO/MWCNT 复合电极的全固态微型超级电容器阵列器件结构示意图

(a)结构示意图 (b)单元器件 (c)串联器件 (d)并联器件

5.6 基于 rGO/MWCNT 复合电极微型超级电容器电化学性能测试

图 5-10 是基于 rGO/MWCNT 复合电极的全固态微型超级电容器单元器件的电化学性能表征图。图 5-10(a)是单个微型器件当工作电压范围为 0~1 V 时，在扫描速率为 5、10、20、50 和 200 mV/s 时的 CV 曲线图，图中显示所有的 CV 曲线都具有较好的矩形特征及对称性，表明 rGO/MWCNT 复合电极具有高度可逆的双电层电容的特性。并且随着扫描速率的增大，CV 曲线的形状几乎没有畸变，表明本小节组装的微型超级电容器具有较好的倍率特性。图 5-10(b)是单个微型器件在电流密度为 20、40、80 和 100 mA/cm³ 时的 GCD 曲线，图中显示了所有 GCD 曲线均表现出较好的等腰三角形特性，表明制备的微型超级电容器具有较高的库伦效率。当施加的恒流充放电的电流密度由 20 mA/cm³ 增加到 100 mA/cm³ 时，其对应 GCD 曲线的放电时间在逐渐减少。根据微型超级电容器比容量的计算公式及 GCD 曲线可以得到在电流密度为 20、

40、80 和 100 mA/cm³时,其比容量分别为 46.60、42.28、41.92 和 41.00 F/cm³。微型器件在不同电流密度下的比容量关系图如图 5-10(c)中的柱状图所示,可以发现当电流密度增大 4 倍时,其比容量仍能保持初始值的 88%,表明该微型器件具有优异的倍率特性。图 5-10(d)是微型器件在不同弯曲角度下的循环伏安特性曲线,显示当器件处在不同的弯曲状态(0°、45°、90°、135°和180°)时,在 20 mV/s 的扫描速率下其 CV 曲线所包围的面积基本没变,表明本小节组装的基于 rGO/MWCNT 复合电极的全固态微型超级电容器具有较好的柔韧性。

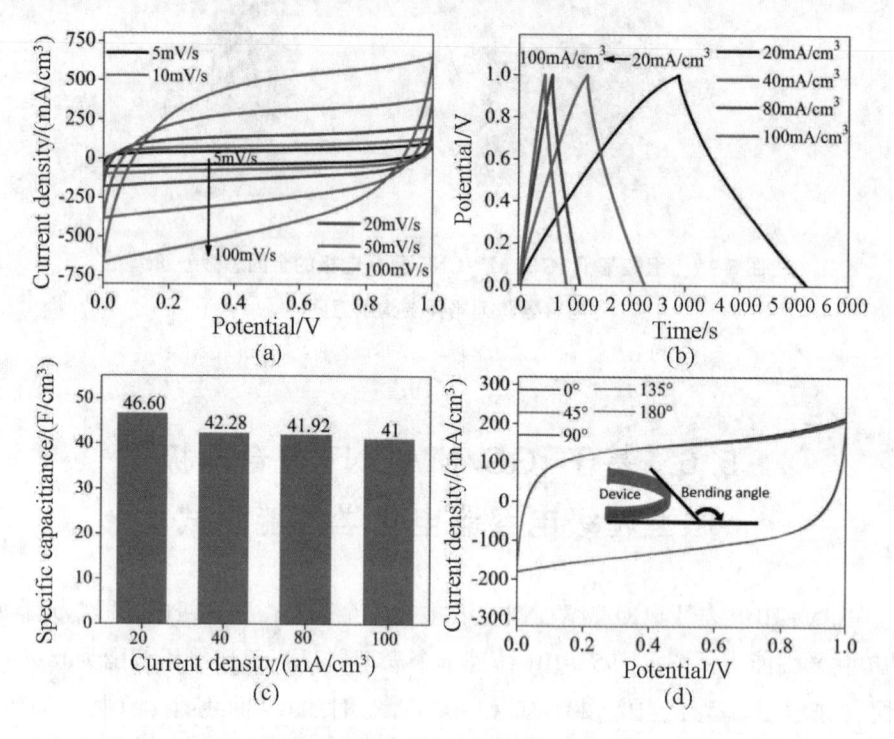

图 5-10 基于 rGO/MWCNT 复合电极的全固态微型超级电容器单元器件电化学性能表征

(a) 在不同扫描速率下的 CV 曲线   (b) 在不同电流密度下的 GCD
(c) 在不同电流密度下对应的比容量的关系图
(d) 当扫描速率为 20 mV/s 时器件在不同弯曲状态下的 CV 曲线

图 5-11 是基于 rGO/MWCNT 复合电极的全固态微型超级电容器单元器件在电流密度为 50 mA/cm³时的循环测试图。由图可知微型器件经过 10 000 次的

循环测试后其比容量仅仅衰减了 11.4%，并且器件的库伦效率($\eta = t_d/t_c$，其中 t_d 表示恒流充放电测试过程中的放电时间，t_c 表示恒流充放电测试过程中的充电时间) 可以维持在 98% ~ 100% 范围内。其中，插图是器件前 5 次和最后 5 次的 GCD 曲线，显示经过长时间的循环测试后其 GCD 曲线形状仍为等腰三角形。这主要是因为具有较高比表面积的 rGO 纳米片为 MWCNT 的分布提供了充足的附着位点，而高导电性的 MWCNT 插入 rGO 纳米片内可以有效缓解纳米片层的团聚，同时在 rGO/MWCNT 复合电极材料内部相互交织的导电网络有利于提高电化学反应中的电荷传输效率[110,118]。此外，PVA/H_3PO_4 凝胶电解质在组装成器件时也具有"胶水"的作用可以将电极材料牢固地粘在一起，即使在弯曲条件下仍能维持微型器件结构的完整性，因此本小节组装的基于 rGO/MWCNT 复合电极的全固态微型超级电容器具有优异的循环稳定性和较高的库伦效率[114]。

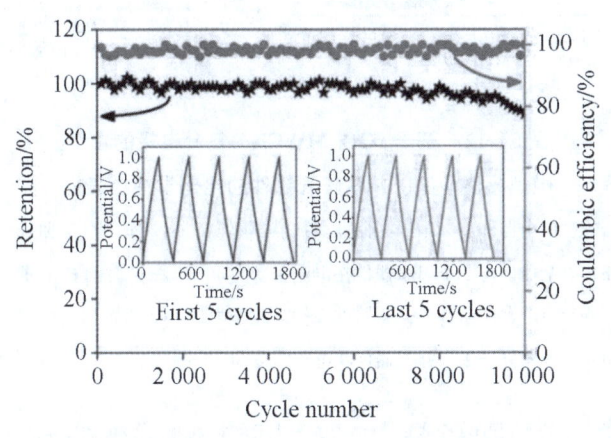

图 5-11 基于 rGO/MWCNT 复合电极的全固态微型超级电容器单元器件在电流密度为 50 mA/cm^3 时的循环测试图

由于微型超级电容器的器件尺寸较小、负载的电极材料较少，导致单个微型超级电容器提供的能量密度过低而无法满足可穿戴微型电子设备的应用需求[119-120]。因此，可以对单个微型器件进行串、并联的结构设计，制备成阵列化器件以满足负载对工作电压、功率及能量密度的需求[81]。本小节先设计出所需的阵列化器件图案，采用激光直写工艺利用光驱控制激光的路径可以方便、快捷地制备出所需的阵列化器件。图 5-12 所示是单个微型超级电容器、2 个相同微型器件串联及 2 个相同微型器件并联的电化学性能对比图。其中

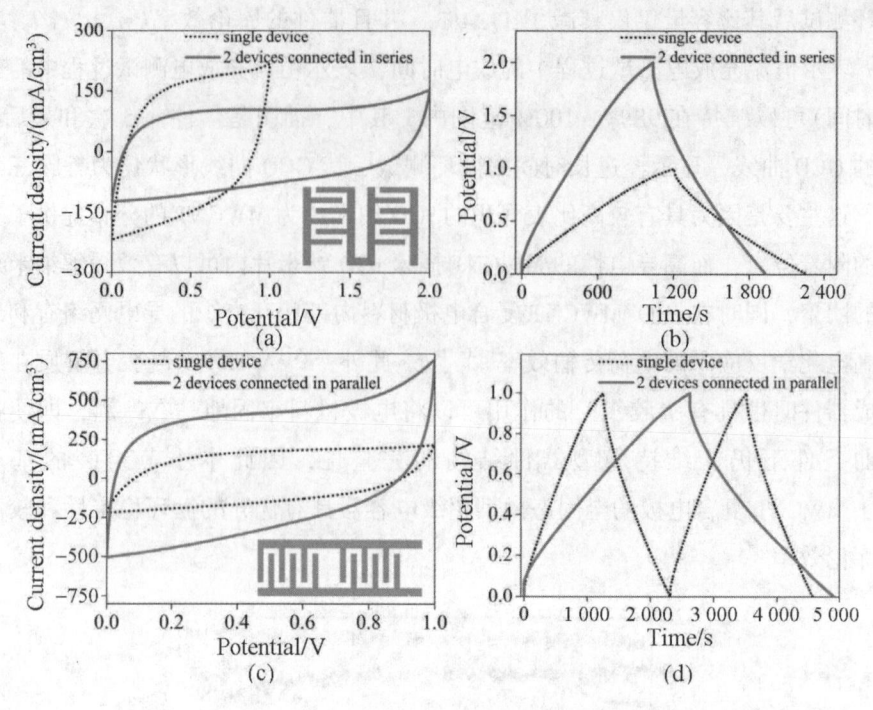

图 5-12　基于 rGO/MWCNT 复合电极的单个
微型器件与串、并联阵列器件的电化学性能表征

(a) 单个器件与 2 个串联器件在扫描速率为 5 mV/s 时的 CV 曲线

(b) 单个器件与 2 个串联器件在电流密度为 40 mA/cm³ 时的 GCD 曲线

(c) 单个器件与 2 个并联器件在扫描速率为 5 mV/s 时的 CV 曲线

(d) 单个器件与 2 个并联器件在电流密度为 40 mA/cm³ 时的 GCD 曲线

图 5-12(a) 和 (c) 分别是单个器件与 2 个串联、并联器件在扫描速率为 5 mV/s 时的 CV 曲线，显示所有的 CV 曲线均表现出明显的矩形特性及较好的对称性，表明基于 rGO/MWCNT 复合电极的全固态微型超级电容器具有高度可逆的双电层电容特性。图 5-12(a) 显示 2 个微型超级电容器单元串联后可以把阵列器件的工作电压窗口扩大为原来的 2 倍，图 5-12(c) 显示 2 个微型超级电容器单元并联后，阵列器件的工作电压窗口不变但是输出的工作电流明显增大。图 5-12(b) 和 (d) 分别是单个器件与 2 个串联、并联器件在电流密度为 40 mA/cm³ 时的 GCD 曲线，4 组 GCD 曲线都是对称的三角形，表明组装的器件都具有较好的库伦效率和电化学可逆性。此外，根据图 5-12(b) 和 (d) 的 GCD 曲线及超级电容器比容量的计算公式，可以分别得到单个微型超级电容

器的比容量为 42.28 F/cm³，2 个串联器件的比容量为 18.08 F/cm³，2 个并联器件的比容量为 91.01 F/cm³。以上测试结果表明本小节组装的串并联阵列器件满足电容器"串联时电压加倍、放电时间基本不变、容量减半，并联时电压不变、放电时间加倍、容量加倍"规律[37]。

5.7 本章小结

本章采用简便、高效的激光直写工艺设计了基于 rGO/MWCNT 复合电极的微型超级电容器及其串、并联阵列器件，不需要额外的线路连接即可根据实际需求调节阵列器件结构，以满足负载对输出电压、电流、功率或能力密度的需求。同时也利用 SEM、TEM、拉曼光谱、红外光谱、XRD 方法对制备的 rGO 和 rGO/MWCNT 电极样品的形貌、成分及结构进行了详细的表征分析，并对组装的微型超级电容器的电化学性能进行了深入分析。主要研究成果如下。

1. 利用激光直写工艺制备了 rGO/MWCNT 复合电极。经预处理的 MWCNT 表面附着大量的含氧官能团使其更容易与 GO 纳米片一起在水溶液中分散均匀，利用热还原效应得到 rGO/MWCNT 复合样品。在电流密度为 5 A/cm³ 时，rGO 与 rGO/MWCNT 电极材料的比容量分别为 11.1 和 49.35 F/cm³，且在经过 1 000 个循环测试后其比容量保持率分别为 70% 和 85.5%，表明 rGO/MWCNT 电极具有较高的比容量和较好的循环稳定性。这主要是因为电导率高、柔韧性好的 MWCNT 与 rGO 纳米片形成的相互交织的导电网络结构不仅可以有效降低 rGO 纳米片的团聚、提高复合材料的孔隙率，进而增强了电解液离子渗透到电极材料内部的能力，同时也为电化学反应提供了丰富的导电通路、促进电荷的快速转移。

2. 基于 rGO/MWCNT 复合电极的全固态微型超级电容器单元器件电化学性能表征。测试结果显示在电流密度为 20 mA/cm³ 时，其比容量分别为 46.60 F/cm³，经过 10 000 次的循环测试后其比容量仅仅衰减了 11.4%，并且器件的库伦效率可以维持在 98%～100% 范围内。PVA/H₃PO₄ 凝胶电解质在组装成器件时也具有"胶水"的作用可以将电极材料牢固地粘在一起，在长时间的循环测试过程中仍能维持微型器件结构的完整性。因此，本小节组装的基于 rGO/MWCNT 复合电极的全固态微型超级电容器具有较好的循环稳定性。

3. 2个全固态微型超级电容器单元器件的串联、并联阵列器件的组装及其电化学性能表征。当电流密度为40 mA/cm^{3}时，微型超级电容器单元器件的比容量为42.28 F/cm^3，2个串联器件的比容量为18.08 F/cm^3，2个并联器件的比容量为91.01 F/cm^3，因此本小节组装的串并联阵列器件满足电容器"串联时电压加倍、容量减半，并联时电压不变、容量加倍"规律。以上实验结果证明了利用激光直写工艺定制满足负载需求的微型超级电容器阵列化器件的可行性。

第六章　基于三维网状 rGO/PEDOT 复合电极微型超级电容器组装及其储能特性研究

在微型超级电容器中，电解液中的离子可以在二维平面电极结构内自由移动，既可以缩短离子的扩散距离，提高器件的功率密度，也可以避免两电极短路或电极错位，因此具有尺寸小、功率密度高、循环寿命长、绿色环保的平面叉指型微型超级电容器的研究引起了人们的广泛关注[121-125]。但是由于尺寸的限制，微型超级电容器一般储存的能量较低不能满足实际需求，因而研究者常常通过增加块体电极材料负载量的方式来提高比容量，但较厚的块体电极材料会阻碍电解液离子的快速渗透、增大电解液离子的扩散距离、降低电极材料可利用的比表面积，使得电极材料不能充分地参与电化学反应，最终导致其能量密度和功率密度没有明显提升[78]。

最近，具有三维结构的电极材料因拥有较高的比表面积、丰富的离子传输通道且能缓解循环测试时电极材料的体积变化等优点而成为研究的热点[92]。目前制备三维电极结构常用的方法包括胶体模板法[126-127]、硬膜版法[128-129]、水热法[92,130]、在三维模板基底上沉积电极材料[131-132]等，但这些传统的制备工艺常需要有毒试剂、苛刻的合成条件或复杂的工艺流程，导致难以获得具有成本低、可批量化生产、绿色环保的商用产品。针对以上难题，许多研究者都在努力探寻操作简单可控、易于普及化的制备方法来构建具有三维开放网络结构的电极材料，以提高微型超级电容器的储能特性。其中，激光直写工艺是利用热还原效应把 GO 表面的含氧官能团去掉，使其被还原成为具有三维结构的 rGO 纳米片[82,133-134]。该工艺是利用光驱设备精确控制激光路径以定制出所需的电极图案，不需要额外的线路连接即可根据实际需求调节阵列器件结构，以满足负载对输出电压、电流、功率或能量密度的需求。此外，气相聚合法（VPP）是利用气相状态的聚合物单体（例如 EDOT 单体），在氧化剂的作用下引发聚合反应生成聚合物（PEDOT）的方法，具有操作简单可控、可扩展性强、基底材料不受限等优点。利用气相聚合法制备的聚3,4-乙烯二氧噻吩(PE-DOT)因具有分子结构简单、孔隙率高、电导性好的三维网状结构的特点而备受关注[135-136]。

本章采用激光直写工艺和气相聚合法简单方便地设计了具有三维网状结构的rGO/PEDOT复合薄膜电极，具有较高比表面积的rGO作为复合薄膜电极的导电骨架不仅提高了电化学反应过程中电荷的传输效率，还为PEDOT提供了较多的聚合位点。而气相聚合法制备的三维网状PEDOT可以为电化学反应提供更多的活性位点、同时缩短了电解液离子扩散到电极材料的距离、提高了电化学反应效率。本章首先对制备的rGO/PEDOT复合薄膜电极的微观形貌及成分进行了详细的表征，之后与PVA/H_3PO_4凝胶电解质一起组装了基于rGO/PEDOT复合薄膜电极的全固态微型超级电容器及其串并联阵列器件，并对它们的恒流充放电、循环伏安、电化学交流阻抗及其实用性进行了深入探讨。

6.1 实验原材料及相关设备

本章实验采用的原材料和相关设备信息见表6-1所列。

表6-1 实验原材料及相关设备信息列表

名称	生产厂家	备注
氧化石墨	南京先锋纳米科技有限公司	≥99%
浓硫酸(H_2SO_4)	成都科龙化工药品有限公司	98%
磷酸(H_3PO_4)	成都科龙化工药品有限公司	分析纯
高锰酸钾($KMnO_4$)	成都科龙化工药品有限公司	分析纯
双氧水(H_2O_2)	成都科龙化工药品有限公司	30%
柔性PET基底	常州威盛塑胶有限公司	—
聚乙烯醇(PVA)	美国Sigma-Aldrich公司	分子量为125 000
3,4-乙基二氧噻吩(EDOT)	德国拜耳公司	40%
对甲苯磺酸铁(Fe(PTS)$_3$)	德国拜耳公司	45%
异丙醇	成都科龙化工药品有限公司	分析纯
十二烷基苯磺酸钠(NaDBS)	成都科龙化工药品有限公司	分析纯
丙酮(CH_3COCH_3)	成都科龙化工药品有限公司	分析纯

续表

名称	生产厂家	备注
无水乙醇（CH_3CH_2OH）	成都科龙化工药品有限公司	分析纯
超纯水设备	四川优谱超纯科技有限公司	UPH－I－5T
电子天平	赛多利斯仪器（北京）有限公司	BSA－124S
超声清洗仪	上海之信仪器有限公司	DL－120E
真空干燥箱	成都天宇电烘箱厂	DZ－1Ⅱ
恒温鼓风干燥箱	成都晟杰科技有限公司	DHG－9035A
数显恒温测速磁力搅拌器	江阴市保利科研器械有限公司	HJ－6B
电化学工作站	上海辰华仪器有限公司	CHI660D

6.2 三维网状 rGO/PEDOT 复合电极制备

三维网状 rGO/PEDOT 复合薄膜电极的实验方案如下（制备流程如图 6－1 所示）。

① 柔性 PET 基底的处理：

具体实验步骤参见第 3.2 节的实验过程。

② rGO 薄膜电极的制备：

取上述制备的 3 mg 的 GO 粉末加入 10 mL 去离子水中超声分散 2 小时使 GO 溶液分散得更均匀。把 GO 水分散液均匀地喷涂于 PET 基底上，放置于室温环境中 24 小时得到 GO 薄膜。用 3D MAX 软件画出平面叉指型的电极图案，把已制备的 GO 薄膜放入激光工作区域后，启动光驱设备即可精确控制激光路径以定制出所需的电极图案。激光直写工艺是利用红外激光（波长为 788 nm、输出功率为 100 mW）的热还原效应把棕黄色不导电的 GO 纳米片表面的含氧官能团去掉，使其被还原成为黑色导电的 rGO 薄膜，同时制备出平面叉指型的电极结构。

③ 三维网状 rGO/PEDOT 复合薄膜电极的制备：

先取适量的 NaDBS 粉末加入去离子水中并磁力搅拌 1 小时，得到分散均匀的 0.5 mg/mL 的 NaDBS 水溶液作为表面活性剂，把已制备的 rGO 叉指电极在 NaDBS 水溶液中浸泡 20 分钟后放入真空干燥箱中烘干。取摩尔比为 1∶1 的

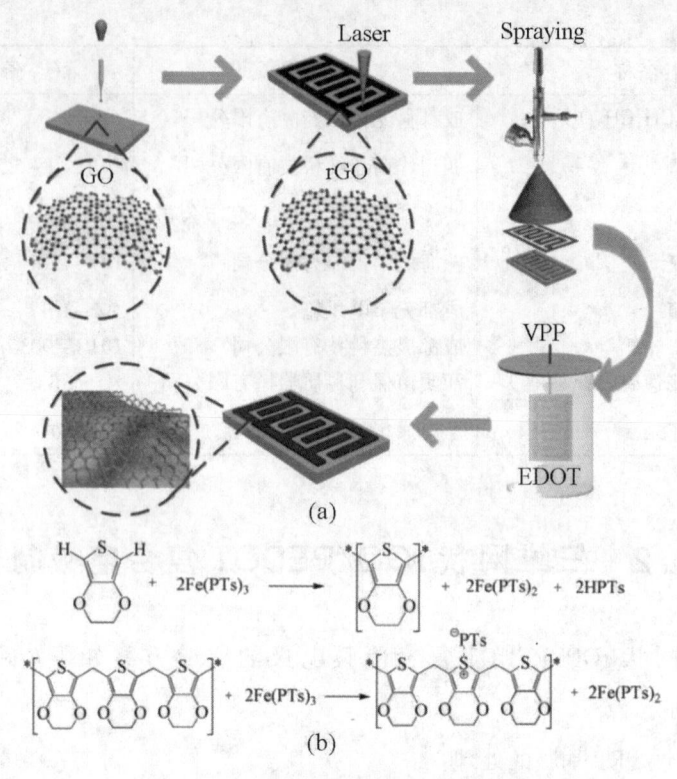

图 6-1　复合薄膜电极制备示意图

(a) 三维网状 rGO/PEDOT 复合电极制备流程图　(b) PEDOT 聚合机理图

对甲苯磺酸铁（Fe(PTS)$_3$）与异丙醇混合溶液放入烧杯中，磁力搅拌 1 小时得到引发 PEDOT 聚合的氧化剂，再在掩膜版的辅助下把氧化剂利用喷涂工艺沉积于 rGO 叉指电极上。随后取 100 μL 的 EDOT 单体放入反应室中，并把上述制备的附着有氧化剂的 rGO 叉指电极悬空放置于密闭反应容器的中心（如图 6-1(a)所示），再把整个反应容器放置于真空干燥箱中并设置温度分别为 30℃、50℃、80℃和 100℃ 反应 30 分钟，得到的平面叉指型的复合薄膜电极分别记作 rGO/PEDOT-30、rGO/PEDOT-50、rGO/PEDOT-80 和 rGO/PEDOT-100（气相聚合法制备 PEDOT 的聚合机理如图 6-1(b)所示）。把得到的复合电极用丙酮、酒精和去离子水清洗以去除电极表面附着的杂质，再放入真空干燥箱中 60 ℃烘干备用。同时本章节也用同样的实验方法制备了纯 rGO 叉指电极作为对照组。

6.3 三维网状 rGO/PEDOT 复合电极形貌表征与结构分析

本小节首先对制备的平面叉指型的 GO、rGO 和 rGO/PEDOT 薄膜电极样品的表面形貌进行了表征，结果如图 6-2 的 SEM 形貌图所示。其中，图 6-2(a)是 GO 薄膜的 SEM 形貌图，经过激光直写法处理后，GO 表面的含氧官能团被去掉形成了高导电性的 rGO 薄膜，其形貌如图 6-2(b)所示，具有丰富的褶皱结构的 rGO 不仅可以为电化学反应提高大量的活性位点，也有利于促进电解液离子渗透到电极材料内部提高其电化学反应效率。

图 6-2(c)、(d)、(e)和(f)分别是 rGO/PEDOT-30、rGO/PEDOT-50、rGO/PEDOT-80 和 rGO/PEDOT-100 复合薄膜电极的 SEM 俯视图，显示 4 组样品的 PEDOT 都具有多孔的形貌结构。但和其他 3 组样品相比，rGO/PEDOT-50 复合薄膜的多孔尺寸明显更加均匀，不仅有利于促进电解液离子更快地扩散到电极材料内部，同时也为电化学反应提供了丰富的导电通道及较高的可利用的比表面积。图 6-2(g)和(h)是 rGO/PEDOT-50 薄膜电极的截面图，也进一步证明了均匀多孔网络结构的存在。这可能是因为在适当的聚合温度(50 ℃)环境中，EDOT 单体以气相的状态在氧化剂的辅助下平缓、稳定有序地进行氧化聚合反应，同时副产物酸的蒸发速度适中，有利于 PEDOT 产物均匀多孔形貌的产生。当聚合温度较高时(80 ℃ 或 100 ℃)，EDOT 蒸气浓度较高，发生反应的速率太快，容易引发非均相成核而形成致密的多孔形貌。而聚合温度过低时(30 ℃)，EDOT 单体以气相的状态存在的浓度太低，氧化聚合反应不充分，同时副产物酸的蒸发速度较慢也不利于均匀多孔形貌的形成[135,137-138]。

图 6-3 是 GO、rGO 和 PEDOT 薄膜样品的红外光谱图。其中，图 6-3(a)是 GO 和 rGO 的红外光谱图，利用激光直写工艺处理后 GO 表面的含氧官能团 C=O、C—OH、C—O、C—O—C 对应的在波数为 1 724、1 410、1 046 和 848 cm^{-1} 处的特征峰的强度明显减弱，表明已成功制备 rGO 薄膜样品[86]。图 6-3(b)显示了 C=C(1 630 和 1 513 cm^{-1})、C-C(1 350 cm^{-1})、C—O—C(1 190 和 1 085 cm^{-1})和 C—S—C(978、920、830 和 688 cm^{-1})官能团的伸缩振动峰，证明利用气相聚合法已成功制备了 PEDOT[139-140]。

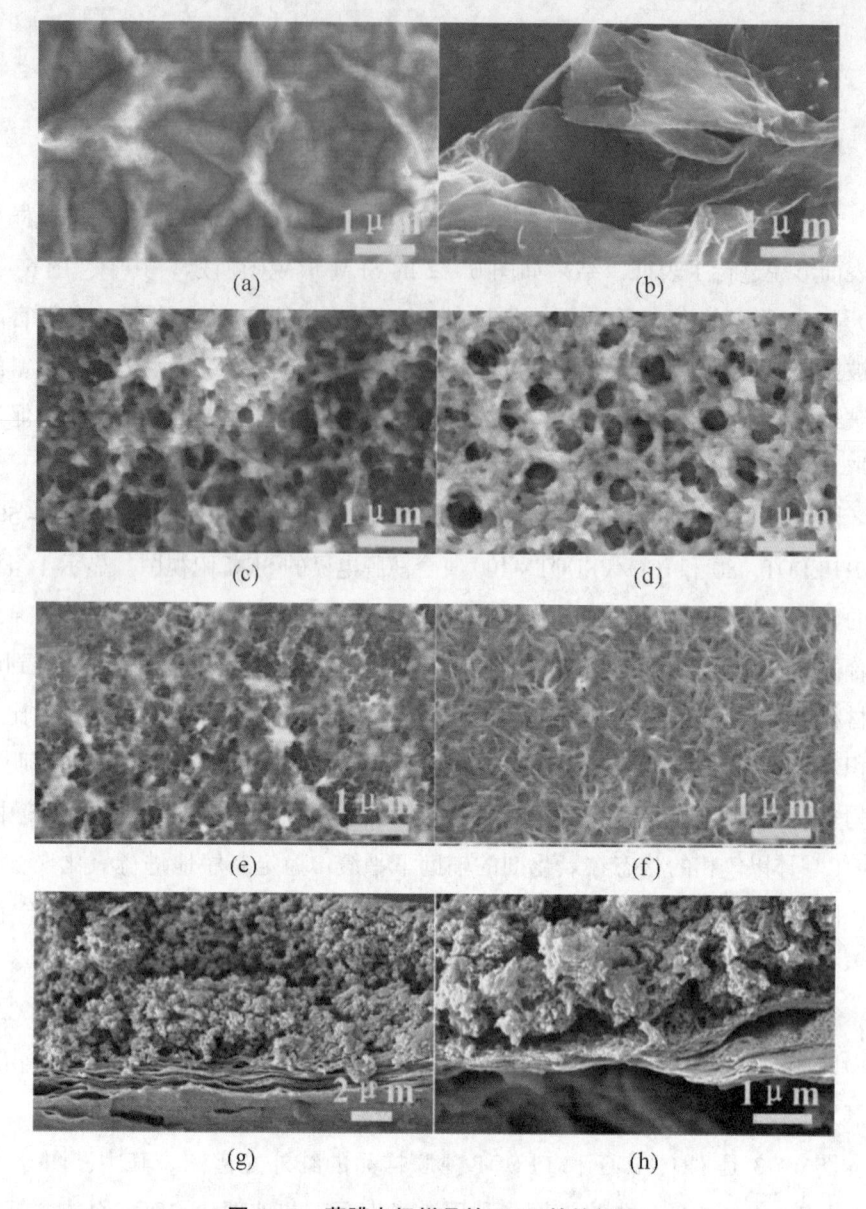

图 6-2　薄膜电极样品的 SEM 的俯视图

(a) GO　(b) rGO　(c) rGO/PEDOT-30　(d) rGO/PEDOT-50　(e) rGO/PEDOT-80
(f) rGO/PEDOT-100　(g)、(h) 是 rGO/PEDOT-50 的 SEM 截面图

图 6-4 是 GO、rGO 和 PEDOT 薄膜样品的拉曼光谱图。其中，GO 或 rGO 薄膜样品的拉曼测试图中的 D 峰对应于 sp^2 原子的伸缩模式，其强度受到六角排列的碳原子缺陷程度的影响，强度越强表明材料中的缺陷越多；G 峰对应于

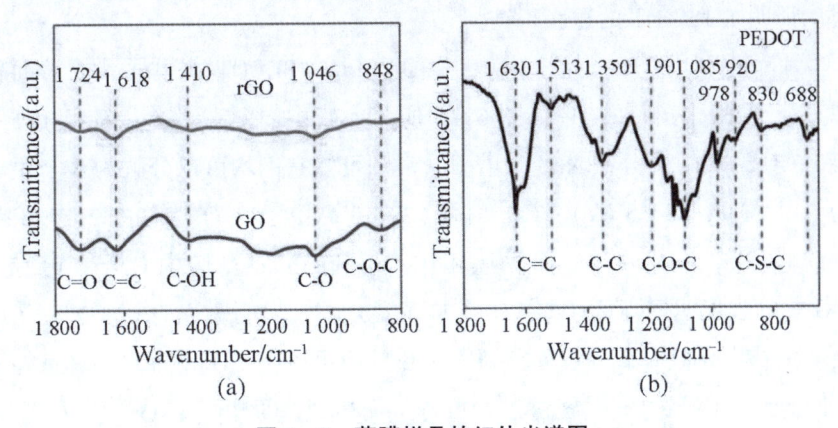

第六章 基于三维网状 rGO/PEDOT 复合电极微型超级电容器组装及其储能特性研究

图 6-3 薄膜样品的红外光谱图

(a) GO 和 rGO (b) PEDOT

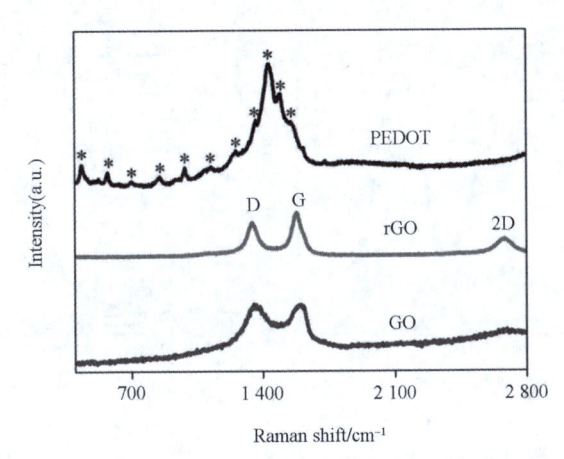

图 6-4 GO、rGO 和 PEDOT 薄膜样品的拉曼光谱图

布里渊中心的 E_{2g} 声子，其强度受到碳材料有序程度的影响；因此，D 峰和 G 峰的强度比（I_D/I_G）可以用来衡量碳材料的缺陷程度及有序性，I_D/I_G 的比值越大，表明缺陷越多[88-89,141]。由图可知 GO 和 rGO 在 D 峰（1 359 cm^{-1}）和 G 峰（1 595 cm^{-1}）处的强度比 I_D/I_G 比值分别 1.02 和 0.92，表明经过激光直写处理后其表面的缺陷减少，生成的 rGO 薄膜具有更好的石墨化程度，而 2D 峰（2 687 cm^{-1}）是典型的石墨烯的特征峰[87]。此外，PEDOT 薄膜样品的拉曼光谱在波数为 1 630、1 513 cm^{-1} 处对应于 C═C 非对称伸缩振动，1 350 cm^{-1} 处对应于 C—C 的伸缩振动，1 190、1 085 cm^{-1} 对应于 C—O—C 的弯曲振动，978、920、830 和 688 cm^{-1} 处对应于 C—S—C 的伸缩振动，以上特征峰的出现

也再次证明了 PEDOT 的存在[140,142]。

本小节也利用 XPS 能谱对 GO、rGO 和 rGO/PEDOT 薄膜样品的表面化学状态进行了对比分析,结果如图 6-5 所示。其中,图 6-5(a)和(b)分别是 GO 和 rGO 的 C1s 高分辨 XPS 光谱图,由图可知它们均可以分解为 4 个主峰分别为:C—C 峰(284.8 eV),C =O 峰(287.3 eV),C—O 峰(286.2 eV)和 O—C =O 峰(288.5 eV)。与 GO 薄膜相比,得到的 rGO 薄膜中 C =O 峰和 O—C =O 峰的强度明显降低而 C—O 峰的强度升高,表明激光直写工艺对 GO 薄膜处理是一个高效脱氧的过程,即利用热效应可以把 GO 表面的含氧官能团去掉,同时对其内部的 π 共轭键进行重排进而生成高导电的 rGO[90,143]。图 6-5(c)是 rGO/PEDOT 薄膜的 C1s 高分辨 XPS 光谱图,在结合能为 285.3 eV 处表明了 PEDOT 中的 C—S 键的存在。图 6-5(d)是 rGO/PEDOT 薄膜的 S2p 高分

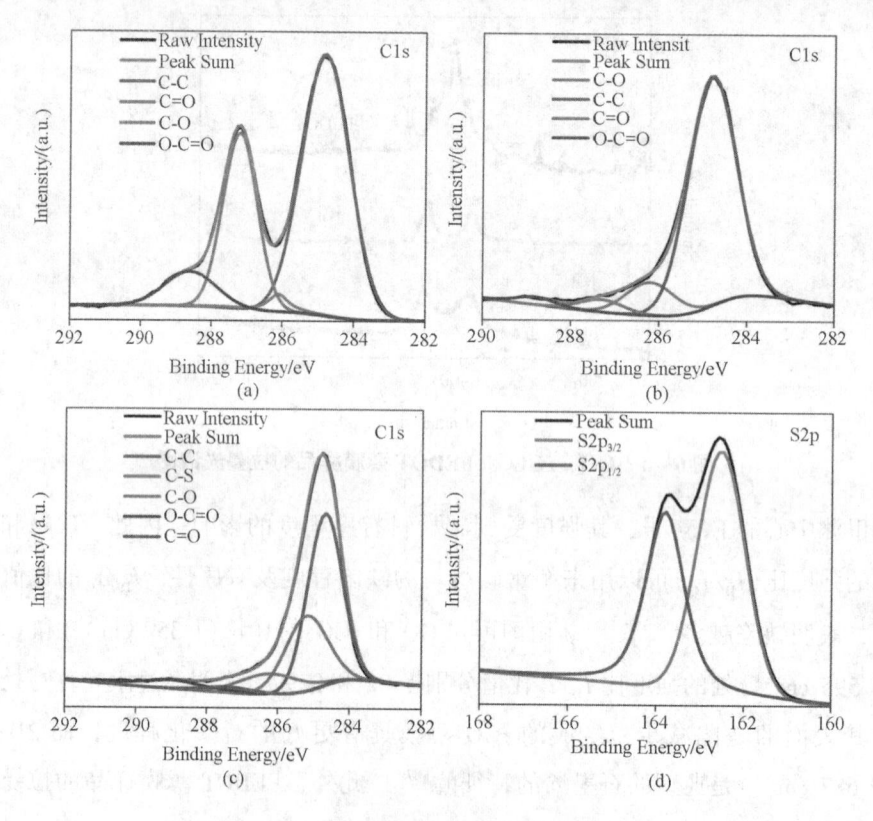

图 6-5 薄膜样品的 XPS 能谱图

(a) GO 薄膜的 C1s 高分辨 XPS 光谱图 (b) rGO 薄膜的 C1s 高分辨 XPS 光谱图
(c) rGO/PEDOT 薄膜的 C1s 高分辨 XPS 光谱图 (d) rGO/PEDOT 薄膜的 S2p 高分辨 XPS 光谱图

辨 XPS 光谱图，图中显示 S2p 峰分解为 2 个峰：S2p3/2（162.6 eV）和 S2p1/2（163.8 eV），并且两峰的结合能相差 1.2 eV，这源于 PEDOT 分子链中噻吩环上硫原子的作用[140,144-145]。

6.4 基于三维网状 rGO/PEDOT 复合电极微型超级电容器阵列组装

本小节设计了基于三维网状 rGO/PEDOT 复合薄膜的平面叉指型电极结构，为了更好地引出电极材料的比容量，在器件两侧热沉积一层铝电极作集流体。其中单个微型超级电容器叉指电极的尺寸为：叉指长 L = 8 mm，宽 W = 1 mm，指间距 I = 0.5 mm，共 8 个叉指。再把已制备的 PVA/H_3PO_4 凝胶电解质均匀滴涂在叉指电极器件的表面，然后将该器件放入真空干燥箱中室温真空静置 8 小时，使得电极材料与凝胶电解质可以完全浸润以降低它们的接触内阻，最终得到基于 rGO、rGO/PEDOT-30、rGO/PEDOT-50、rGO/PEDOT-80 和 rGO/PEDOT-100 的 5 组全固态柔性微型超级电容器。此外，本小节制备的基于多孔 rGO/PEDOT 复合电极的平面叉指型电极结构不需要额外的导电剂或黏接剂即可与 PVA/H_3PO_4 凝胶电解质组装成柔性全固态器件，简化了器件结构有利于器件比容量的提高。

本小节利用两电极测试体系来表征组装的全固态微型超级电容器的电化学特性。循环伏安测试（CV）和恒流充放电测试（GCD）的电压工作范围均为 0～1.0 V，电化学交流阻抗测试（EIS）设置的频率范围是 10^{-2}～10^6 Hz，其施加的正弦电压是 0.005 V。所有的电化学测试均在室温环境中进行，并且测试的仪器采用的是上海辰华 CHI660D 型的电化学工作站。

6.5 基于三维网状 rGO/PEDOT 复合电极微型超级电容器电化学性能测试

本小节首先对基于 rGO、rGO/PEDOT-30、rGO/PEDOT-50、rGO/PEDOT-80 和 rGO/PEDOT-100 的 5 组全固态柔性微型超级电容器的循环伏安特性进行了对比分析，结果如图 6-6 所示。其中图 6-6(a)是基于 5 组不同电极材料的微型超级电容器在扫描速率为 20 mV/s 时的 CV 图，由图可知 5 组器件的 CV 曲线均呈现出较好的对称矩形的特性，表明它们都具有高度可逆的电容特性。并且在相同的扫描速率下，相比于其他 4 组器件，rGO/PEDOT - 50 器件的 CV 曲线包围的面积最大，表明 5 组器件中 rGO/PEDOT - 50 器件具有最高的比容量。图 6-6(b) 是基于 rGO/PEDOT - 50 的全固态柔性微型超级电容器在扫描速率为 10、20、30、60 和 100 mV/s 时的 CV 曲线图，显示当扫描速率由 10 mV/s 增大到 100 mV/s 时，其 CV 曲线仍保持较好的矩形形状，表明基于三维网状 rGO/PEDOT - 50 的微型超级电容器具有较高的倍率特性[146]。

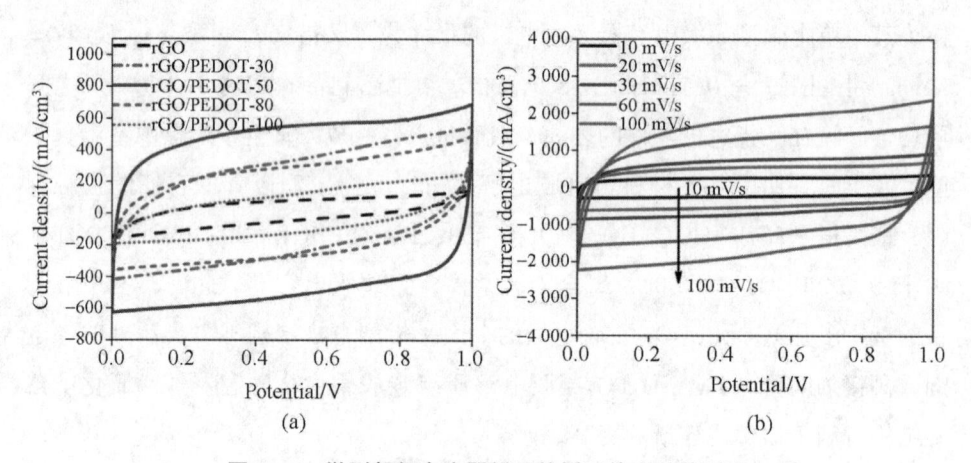

图 6-6 微型超级电容器样品的循环伏安特性测试

(a) 基于 5 组不同电极材料的微型超级电容器在扫描速率为 20 mV/s 时的 CV 图

(b) 基于 rGO/PEDOT - 50 复合电极的微型超级电容器在不同扫描速率下的 CV 对比图

图 6-7 是基于 rGO、rGO/PEDOT - 30、rGO/PEDOT - 50、rGO/PEDOT - 80 和 rGO/PEDOT - 100 的 5 组全固态柔性微型超级电容器的恒流充放电特性测试图。其中，图 6-7(a) 是 5 组微型超级电容器在电流密度为 80 mA/cm³ 时的 GCD 的曲线对比图，显示在相同的电流密度下不同器件的放电时间有明显差异，rGO/PEDOT - 50 器件的放电时间最长。根据 GCD 曲线及器件比容量的计算公式可以得出 rGO、rGO/PEDOT - 30、rGO/PEDOT - 50、rGO/PEDOT - 80 和 rGO/PEDOT - 100 器件在电流密度为 80 mA/cm³ 时的比容量分别为 7.05、20.12、35.12、19.95 和 11.68 F/cm³，表明 rGO/PEDOT - 50 器件具有最高的比容量，这也和图 6-6(a) 中 CV 曲线测试的结果保持一致。图 6-7(b) 是基

于 rGO/PEDOT-50 的全固态柔性微型超级电容器在电流密度为 80、160、200、320 和 400 mA/cm³ 时的 GCD 对比图，显示所有 GCD 曲线形状都类似于等腰三角形即电压随时间呈线性变化，表明 rGO/PEDOT-50 器件具有较好的库伦效率和电化学可逆性[147]。并且随着施加的电流密度由 80 mA/cm³ 增大到 400 mA/cm³ 时，器件的放电时间在明显减小即比容量在衰减。这主要是因为当施加的电流密度较大时，电解液离子的运动加快，离子间的碰撞也在加剧，使得 rGO/PEDOT-50 电极材料与电解液离子没有充足的时间参与脱附/吸附反应过程，最终降低了电极材料的有效利用率、导致器件比容量的降低[148]。

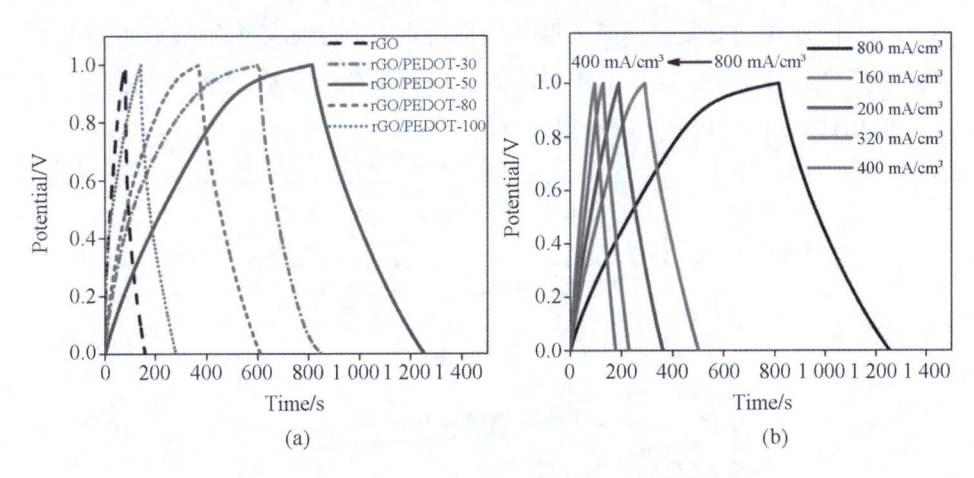

图 6-7 微型超级电容器样品的恒流充放电特性测试

（a）基于 5 组不同电极材料的微型超级电容器在电流密度为 80 mA/cm³ 时的 GCD 图

（b）基于 rGO/PEDOT-50 复合电极的微型超级电容器在不同电流密度下的 GCD 对比图

图 6-8 是基于 rGO、rGO/PEDOT-30、rGO/PEDOT-50、rGO/PEDOT-80 和 rGO/PEDOT-100 的 5 组全固态柔性微型超级电容器在不同电流密度下的比容量关系对比图。由图可知在相同的电流密度下，rGO/PEDOT-50 器件具有最高的比容量。rGO/PEDOT-50 器件在电流密度为 80、200、320 和 400 mA/cm³ 时，其比容量分别为 35.12、34.16、31.872 和 31.04 F/cm³。当电流密度由 80 mA/cm³ 增大到 400 mA/cm³ 时，rGO/PEDOT-50 器件的比容量由 35.12 F/cm³ 降低到 31.04 F/cm³，而 rGO 器件的比容量由 7.05 F/cm³ 降低到 1.02 F/cm³、rGO/PEDOT-30 器件的比容量由 20.12 F/cm³ 降低到 14.2 F/cm³、rGO/PEDOT-80 器件的比容量由 19.95 F/cm³ 降低到 12 F/cm³、rGO/PEDOT-100 器件的比容量由 11.68 F/cm³ 降低到 2.392 F/cm³，以上对比结果

显示，即使在大电流密度下测试，rGO/PEDOT-50 器件仍然具有较高的比容量。rGO 叉指电极材料虽具有较高的比容量但由于容易团聚，降低了电解液离子与电极材料参与电化学反应的可利用比表面积，不利于比容量的引出。当把 rGO 叉指电极放置于 50 ℃ 的充满 EDOT 气氛的聚合容器中时，EDOT 单体以气相的状态在氧化剂的辅助下平缓有序地进行氧化聚合反应，同时副产物酸的蒸发速度适中，最终在 rGO 的表面沉积了一层具有三维均匀多孔形貌的 PEDOT 薄膜。rGO 较大的比表面积为 PEDOT 的沉积提供了较多的附着位点，且在气相聚合的过程中会有部分 PEDOT 插入 rGO 片层中提高了 rGO 比表面积的利用率。rGO/PEDOT-50 复合薄膜的这些结构特点有利于缩短电解液离子到电极材料的扩散距离、降低器件的接触内阻、提高电化学反应效率，进而提升了 rGO/PEDOT-50 器件的电化学性能。

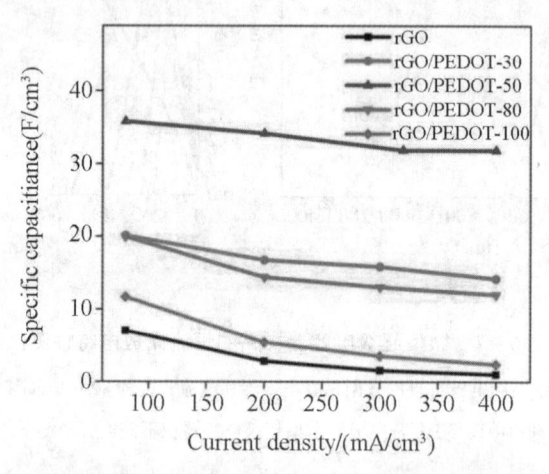

图 6-8　微型超级电容器在不同电流密度下的比容量关系对比图

图 6-9 是基于 rGO、rGO/PEDOT-30、rGO/PEDOT-50、rGO/PEDOT-80 和 rGO/PEDOT-100 的 5 组全固态柔性微型超级电容器的 EIS 对比图，设置的频率范围是 $10^{-2} \sim 10^{6}$ Hz，其施加的正弦电压是 0.005 V。这 5 组微型器件的 EIS 图都是由高频区的半圆弧和低频区的斜线组成，EIS 曲线在高频区与实轴的截距是器件的等效串联电阻（Rs），由图可知 rGO、rGO/PEDOT-30、rGO/PEDOT-50、rGO/PEDOT-80 和 rGO/PEDOT-100 微型器件的 Rs 分别为 65.67、12.19、8.04、13.63 和 76.74 Ω，表明 rGO/PEDOT-50 微型器件的本征电阻较小。高频区半圆的直径表征了在电极材料与电解质界面处发生法拉第反应时的电荷转移电阻（Rct），rGO、rGO/PEDOT-30、rGO/PEDOT-50、 rGO/PEDOT-80 和 rGO/PEDOT-100 微型器件的 Rct 分别为 6.59、3.04、2.55、2.8 和 6.72 Ω，显示 rGO/PEDOT-50 微型器件具有最小的 Rct，即表示它最容易发生电化学反应。而低频区的斜线可以表征电解质离子在电极材料内部的扩散电阻，图中显示 rGO/PEDOT-50 器件在低频区的斜率最大，表示其电容特性最好。rGO/PEDOT-50 薄膜电极三维均匀多孔的形貌结构减小了电解液离子的扩散阻力，同时三维的导电网络也提高了电荷的转移效率，因此 rGO/PEDOT-50 微型器件表现出最小的器件内阻以及最好的电容特性。

本小节也对基于三维网状 rGO/PEDOT-50 复合电极的微型超级电容器的机械柔韧性进行了表征分析，如图 6-10 所示。其中图 6-10(a)是在扫描速率为 10 mV/s 时，微型超级电容器在不同弯曲角度($\theta = 0°、90°、180°$)下的 CV 曲线图，显示不同弯曲状态下的 CV 曲线图几乎重合，即器件的电化学性能几乎不受影响。图 6-10(b)是 rGO/PEDOT-50 微型器件在弯曲状态下的循环稳定性测试图，由图可知当电流密度为 80 mA/cm^3 时，器件在弯曲角度为 $\theta = 180°$时，经过 1 000 次恒流充放电循环后其比容量仍保持 96.8%，表明本章组装的微型超级电容器具有较好的机械柔韧性，有望作为微型储能单元被应用于便携式电子设备领域[31]。

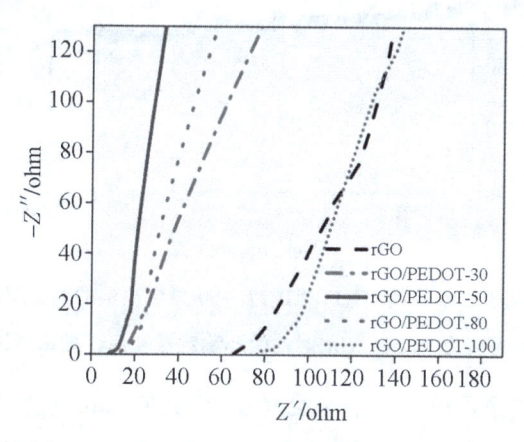

图 6-9　不同微型超级电容器的 EIS 性能对比图

图 6-11 是基于三维网状 rGO/PEDOT-50 复合电极的微型超级电容器的循环稳定性和库伦效率测试图。在电流密度为 80 mA/cm^3 时，经过 4 000 次的恒流充放电测试后，rGO/PEDOT-50 微型器件的比容量在缓慢下降，并最终保持为初始值的 90.2%，且器件的库伦效率始终保持在 97%～99% 范围内。

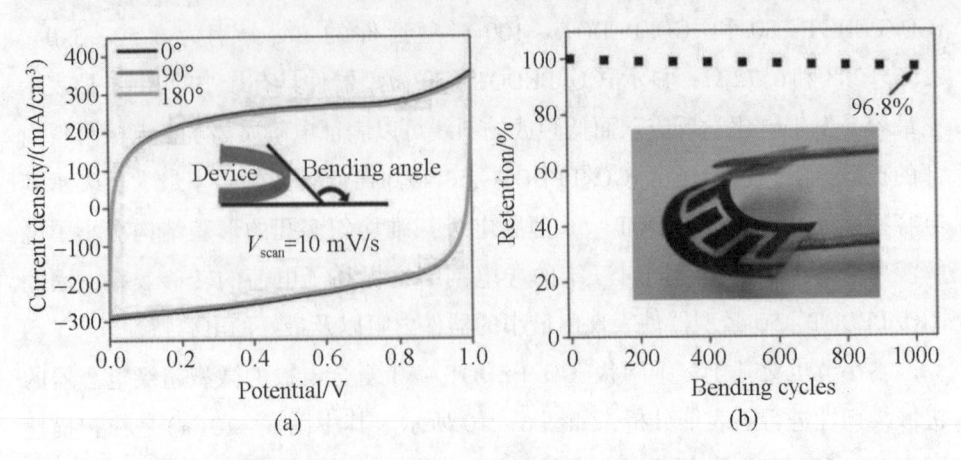

图6-10 基于三维网状 rGO/PEDOT-50 复合电极的微型超级电容器机械柔韧性表征

(a) 扫描速率为 10 mV/s 时器件在不同弯曲状态下的 CV 曲线

(b) 当弯曲角度为 180°时经过 1 000 次恒流充放电的循环稳定性测试图

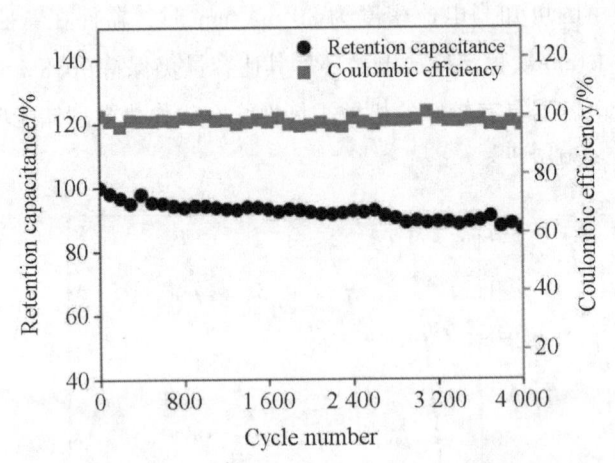

图6-11 基于三维网状 rGO/PEDOT-50 复合电极的微型超级电容器在电流密度为 80 mA/cm³ 时的循环稳定性和库伦效率测试图

这是因为电解液离子可以在三维网状 rGO/PEDOT-50 复合电极材料内快速移动，促进了高度可逆的脱附/吸附或氧化还原反应的发生，进而提高微型器件的库伦效率。三维网状 rGO/PEDOT-50 复合电极结构不仅为电化学反应提供了较大的比表面积、降低了电解液离子与电极材料的接触内阻、为电化学反应过程中电荷的快速转移提供丰富的导电通道，同时也有利于缓解循环测试过程中电极材料体积的伸缩变化效应。此外，rGO/PEDOT-50 微型器件中的 PVA/

H$_3$PO$_4$凝胶电解质的"胶水"作用也有助于维持微型器件结构的完整性。以上实验结果表明基于三维网状 rGO/PEDOT–50 复合电极的微型超级电容器具有优异的循环稳定性和库伦效率。

能量密度与功率密度是衡量微型超级电容器实用性的 2 个重要指标，因此本小节也对上述组装的高性能基于 rGO/PEDOT–50 的微型超级电容器和其他已报道文献中的微型超级电容器的能量密度及功率密度进行了对比分析，结果如图 6–12 所示。由微型超级电容器能量密度和功率密度的计算公式可以得到：当基于 rGO/PEDOT–50 复合电极的微型超级电容器的最大能量密度为 4.88 mW·h/cm^3 时，对应的功率密度为 40 mW/cm^3；而当其功率密度增大至 200 mW/cm^3 时，其能量密度仍然可以达到 4.42 mW·h/cm^3。以上实验结果表明，本小节组装的基于三维网状 rGO/PEDOT–50 复合电极的微型超级电容器的电化学性能比目前报道的全固态微型超级电容器的性能更优异，例如基于石墨烯的微型超级电容器(能量密度为 2.78 mW·h/cm^3 时对应的功率密度为 40.3 mW/cm^3)[149]，基于纯 rGO 的微型超级电容器(能量密度为 0.23 mW·h/cm^3 时对应的功率密度为 60 W/cm^3)[103]，基于 MnOx/Au 微型超级电容器(能量密度为 1.75 mW·h/cm^3 时对应的功率密度为 980 mW/cm^3)[150]，锂薄膜微型电池(能量密度为 10 mW·h/cm^3 时对应的功率密度为 1 mW/cm^3)[151]，基于 MWNT/carbon fiber 的微型超级电容器(能量密度为 0.14 mW·h/cm^3 时对应的功率密度为 2.73 mW/cm^3)[152]，基于 rGO/SWNT@CMC 的微型超级电容器(能量密度为 3.5 mW·h/cm^3 时对应的功率密度为 18 mW/cm^3)[153]，基于 Carbon/

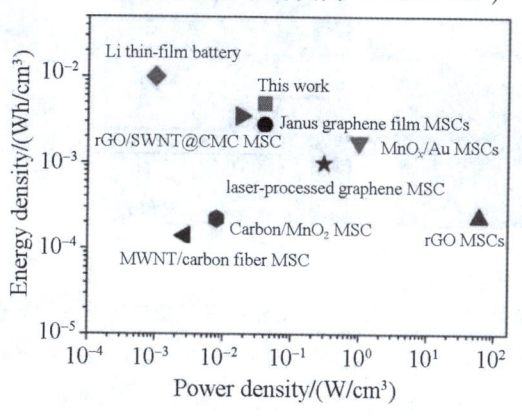

图 6–12　基于三维网状 rGO/PEDOT–50
复合电极的微型超级电容器的 Ragone 图

MnO₂ 的微型超级电容器(能量密度为 0.22 mW·h/cm³ 时对应的功率密度为 8 mW/cm³)[154],rGO 微型超级电容器(能量密度为 0.98 mW·h/cm³ 时对应的功率密度为 300 mW/cm³)[155]。

  由于单个微型超级电容器提供的能量密度、输出电压或电流太低而无法满足可穿戴电子设备的应用需求,因此,对单个微型器件进行串、并联的结构设计制备成阵列化器件以维持负载正常工作[156]。图 6-13 是基于三维网状 rGO/PEDOT-50 的微型超级电容器串并联阵列器件的电化学性能表征及其实用性测试图。其中,1 Cell 表示 1 个 rGO/PEDOT-50 微型器件单元;2S 表示 2 个 rGO/PEDOT-50 微型器件单元串联;2P 表示 2 个 rGO/PEDOT-50 微型器件单元并联;2P×3S 表示先把 2 个 rGO/PEDOT-50 微型器件单元并联后再与另

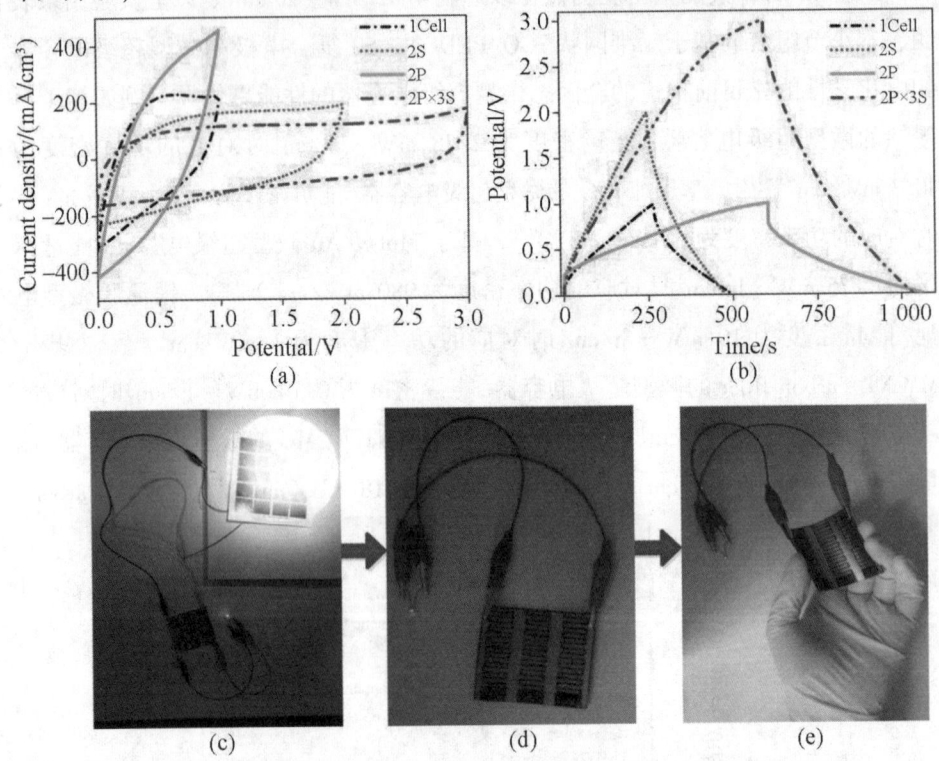

图 6-13 基于三维网状 rGO/PEDOT-50 的微型超级电容器阵列器件的电化学性能表征

(a) 串并联阵列器件在扫描速率为 20 mV/s 时的 CV 曲线

(b) 串并联阵列器件在电流密度为 40 mA/cm³ 时的 GCD 曲线

(c)、(d)、(e) 2P×3S 阵列器件与太阳能电池一起组装为能量采集与储存一体的自供能器件并点亮 LED 灯

第六章 基于三维网状 rGO/PEDOT 复合电极微型超级电容器组装及其储能特性研究

外 2 个相同的阵列器件串联。图 6-13(a)显示了这 4 组器件在扫描速率为 20 mV/s 时的 CV 曲线,其中的插图是制备的阵列器件的光学图片。图 6-13(b)显示了这 4 组器件在电流密度为 40 mA/cm^3 时的 GCD 曲线。由图可知,2S 阵列器件的工作电压窗口扩大为 1 Cell 的 2 倍且放电时间不变;2P 阵列器件的工作电压窗口不变而放电时间是 1 Cell 的 2 倍;2P×3S 阵列器件的工作电压窗口扩大为 1 Cell 的 3 倍而放电时间是 1 Cell 的 2 倍。以上实验测试结果表明本小节组装的串并联阵列器件满足电容器"2 个单元器件串联时电压加倍、放电时间基本不变、容量减半、能量密度加倍,2 个单元器件并联时电压不变、放电时间加倍、容量加倍、能量密度加倍"规律[82]。因此,可以利用激光直写和气相聚合工艺方便快捷地制备串并联阵列器件以满足负载对工作电压、电流或能量密度的需求。此外,图 6-13(c)至图 6-13(e)显示了 2P×3S 微型超级电容器阵列器件与太阳能电池一起组装为能量采集与储存一体的自供能器件,并成功点亮了 LED 灯,即使阵列器件处于弯曲状态也仍可以正常工作,证明了本小节组装的微型超级电容器阵列器件在柔性可穿戴电子领域具有较好的应用前景[141]。

图 6-14 是微型超级电容器与太阳能电池或负载集成为自供能器件时,其电解液离子/电荷的传输路径示意图。从电极结构的角度考虑,平面叉指型微

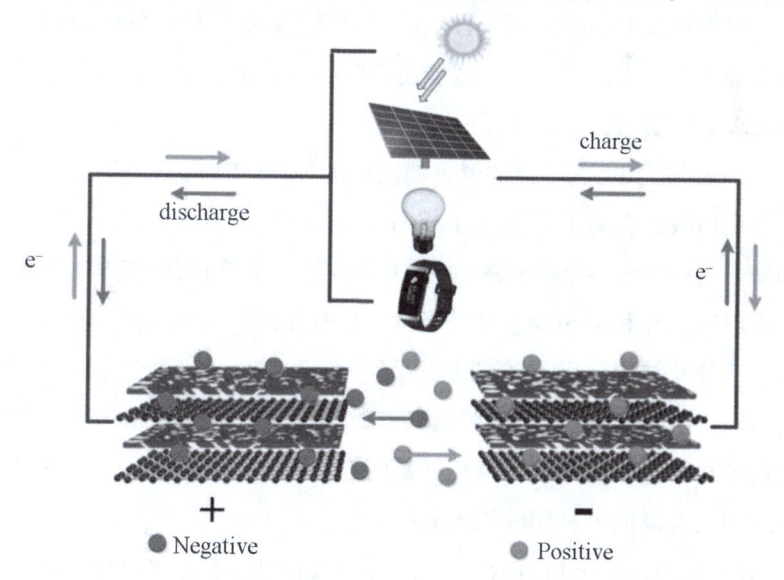

图 6-14 微型超级电容器中电解液离子/电荷的传输路径示意图

型超级电容器中的电极是叉指平行分布在同一平面内,电解液离子可以在二维平面内自由传输,既可以缩短离子的扩散距离、减小离子扩散阻力、提高器件的功率密度,也可以避免两电极短路或电极错位以增强器件结构的稳定性[149]。激光直写工艺制备的 rGO 纳米片具有大量的褶皱结构,为 PEDOT 的气相聚合提供了较多的沉积位点。而当聚合温度为 50 ℃时形成的三维均匀多孔结构的 PEDOT 也有助于进一步增加电极与电解液离子的接触面积、降低器件的接触内阻,同时在电化学反应过程中为电荷的快速转移提供了丰富的导电通道[157-158]。因此,本小节组装的基于三维网状 rGO/PEDOT-50 的微型超级电容器阵列器件具有优异的电化学性能,也为微能源器件在便携式电子设备领域的广泛应用提供了一个很好的助力。

6.6 本章小结

针对全固态微型超级电容器的制备步骤复杂、单元器件的储能特性无法满足负载需求的问题,本章节利用激光直写和气相聚合(VPP)工艺方便、快捷地制备 rGO/PEDOT 平面叉指型复合电极,并和 PVA/H_3PO_4 凝胶电解质一起组装成高性能的基于 rGO/PEDOT 复合电极的全固态微型超级电容器单元器件。同时还可以根据负载的实际应用场景,通过调整串并联阵列器件结构即可定制出合适的电极图案,以满足负载对微型超级电容器输出电压、电流、功率或能量密度的要求。主要研究成果如下:

1. 以气相聚合 PEDOT 时的聚合温度(30 ℃、50 ℃、80 ℃和 100 ℃)为优化变量,先利用激光直写工艺制备了 rGO 平面叉指型的电极结构,再在其上采用气相聚合过程沉积三维多孔的 PEDOT 聚合物,制备 rGO/PEDOT 平面叉指型复合薄膜电极,并利用 SEM、红外光谱、拉曼光谱、XPS 测试方法对薄膜样品的形貌、成分及结构进行了详细的表征分析。结果显示当聚合温度为 50 ℃时,得到的 rGO/PEDOT-50 复合薄膜具有三维均匀多孔的形貌结构,不仅有利于促进电解液离子更快地扩散到电极材料内部,同时也为电化学反应提供了丰富的导电通道及较高的可利用的比表面积。

2. 基于 rGO、rGO/PEDOT-30、rGO/PEDOT-50、rGO/PEDOT-80 和 rGO/PEDOT-100 电极材料的 5 组全固态柔性微型超级电容器的组装及其电化

学性能评估测试。实验结果显示在电流密度为 80 mA/cm³ 时 5 组微型器件的比容量分别为 7.05、20.12、35.12、19.95 和 11.68 F/cm³，表明 rGO/PEDOT-50 器件具有最高的比容量。当电流密度由 80 mA/cm³ 增大到 400 mA/cm³ 时，rGO/PEDOT-50 器件的比容量由 35.12 F/cm³ 降低到 31.04 F/cm³，即使在大电流密度下测试 rGO/PEDOT-50 器件仍然具有较高的比容量。在电流密度为 80 mA/cm³ 时，经过 4 000 次的恒流充放电测试后，rGO/PEDOT-50 微型器件的比容量仍能保持初始值的 90.2%，且器件的库伦效率始终保持在 97%~99% 范围内。这主要是因为三维网状的 rGO/PEDOT-50 复合电极有利于电解液离子的快速移动，促进了高度可逆的脱附/吸附或氧化还原反应的发生，同时也有利于缓解循环测试过程中电极材料体积的伸缩变化效应，因此基于三维网状 rGO/PEDOT-50 复合电极的微型超级电容器表现出优异的电化学特性。

3. 对基于三维网状 rGO/PEDOT-50 复合电极的微型超级电容器单元器件的串并联阵列设计、组装及其电化学性能表征。对制备的阵列器件的循环伏安特性及恒流充放电特性进行对比分析发现，阵列器件的电化学性能满足电容器串并联的物理规律，表明利用激光直写和气相聚合工艺可以方便快捷地定制串并联阵列器件以满足负载对其输出电压、电流或能量密度的需求。此外，还利用 2P×3S 微型超级电容器阵列器件与太阳能电池一起组装为能量采集与储存一体的自供能系统，并成功点亮了 LED 灯，即使阵列器件处于弯曲状态也仍可以正常工作，证明了本书组装的微型超级电容器阵列器件在柔性可穿戴电子领域具有较好的应用前景。

第七章 Co_9S_8@S–rGO 分级多孔复合薄膜制备及其储能特性研究

随着可穿戴电子设备在日常生活中的普遍应用,人们迫切需要可以持续稳定供能的柔性电源设备[159-160]。全固态柔性超级电容器由于具有充放电速度快、循环寿命好、安全性高等优点引起了人们的广泛关注,但相对较低的能量密度也限制了它的进一步应用。因此,在不影响功率密度和可靠性的前提下,如何通过电极材料的结构和组分的优化,来开发高性能的全固态柔性超级电容器仍然是一个亟待解决的难题[55,161-162]。

从电极材料的结构设计出发,石墨烯作为典型的二维纳米材料,由于具有丰富的表面活性位点和开放的离子扩散通道而成为关注的焦点,但在制备过程中由于静电作用使得纳米片层容易团聚,导致电解液离子可利用的比表面积减少、扩散到电极材料内部的距离延长、阻碍增大,最终使得石墨烯材料的电化学性能无法得到充分的利用[59]。鉴于此,许多学者在原位合成或后处理过程中,通过设计多种合成路线(化学蚀刻法[163]、水热合成[92]、或定向模板法[164])来调控纳米薄膜的结构时发现,三维分级多孔的纳米材料具有缩短离子扩散路径、提高离子传输效率、降低电极/电解液界面间的电荷转移电阻、能提供更多的电化学活性位点等优点,使其在高性能电极材料的制备方面具有较好的应用前景[165-166]。

合理优化复合电极的组分也是提高全固态柔性超级电容器电化学性能的一个重要措施。尤其是利用具有优异的倍率特性和电化学稳定性的双电层电容碳材料(例如石墨烯、活性炭)与具有氧化还原反应的赝电容材料之间的协同效应,可以进一步提高复合电极材料的储能特性。在目前研究的赝电容材料中,八硫化九钴(Co_9S_8)由于具有比相应的氧化物或氢氧化物更好的赝电容活性和更高的电导率而成为研究的热点[56,69],但由于 Co_9S_8 的多电子转化/合金化反应过程中引起的体积伸缩变化,以及在电极表/界面发生的副反应都会导致其具有较低的循环寿命、较差的倍率特性和库伦效率[167]。

综上所述，本章采用简单的水热反应和热退火工艺，研究前驱体溶液的浓度、pH 值及后处理温度对八硫化九钴/硫掺杂还原氧化石墨烯（Co_9S_8@S-rGO）产物的形貌、成分和储能特性的影响。通过优化实验参数，最终得到具有优异电化学特性的 Co_9S_8@S-rGO-800 分级多孔复合电极材料。本章设计的在制备分级多孔 S-rGO 纳米片的同时原位生长 Co_9S_8 纳米颗粒，具有高比表面积的 S-rGO 既可以缓解 Co_9S_8 纳米颗粒在反应过程中的体积膨胀效应，也有助于提高复合薄膜电极材料中电子的传输效率，同时 Co_9S_8 纳米颗粒也降低了 S-rGO 纳米片的团聚、增加了电化学反应活性位点。此外，本章还评估了 Co_9S_8@S-rGO//AC 全固态非对称超级电容器的电化学特性，实验显示单个非对称超级电容器即可成功点亮一个红色 LED 灯，表明了本章组装的 Co_9S_8@S-rGO//AC 全固态非对称超级电容器在微型电子领域具有较好的应用前景。

7.1 实验原材料及相关设备

本章实验采用的原材料和相关设备信息见表 7-1 所列。

表 7-1 实验原材料及相关设备信息列表

名称	生产厂家	备注
氧化石墨	南京先锋纳米科技有限公司	≥99%
浓硫酸（H_2SO_4）	成都科龙化工药品有限公司	98%
高锰酸钾（$KMnO_4$）	成都科龙化工药品有限公司	分析纯
双氧水（H_2O_2）	成都科龙化工药品有限公司	30%
六水合氯化钴（$CoCl_2 \cdot 6(H_2O)$）	阿拉丁科技有限公司	分析纯
氨水（$NH_3 \cdot H_2O$）	成都科龙化工药品有限公司	分析纯
氢氧化钾（KOH）	成都科龙化工药品有限公司	分析纯
盐酸（HCl）	成都科龙化工药品有限公司	36%~38%
聚乙烯醇（PVA）	美国 Sigma-Aldrich 公司	分子量为 125 000
聚偏二氟乙烯（PVDF）	力之源电池材料有限公司	电池纯
N,N-二甲基甲酰胺（DMF）	成都科龙化工药品有限公司	分析纯

续表

名称	生产厂家	备注
丙酮(CH_3COCH_3)	成都科龙化工药品有限公司	分析纯
无水乙醇(CH_3CH_2OH)	成都科龙化工药品有限公司	分析纯
超纯水设备	四川优谱超纯科技有限公司	UPH–I–5T
电子天平	赛多利斯仪器(北京)有限公司	BSA–124S
超声清洗机	上海之信仪器有限公司	DL–120E
台式高速离心机	四川蜀科仪器有限公司	TG–18
真空干燥箱	成都天宇电烘箱厂	DZ–1Ⅱ
数显恒温测速磁力搅拌器	江阴市保利科研器械有限公司	HJ–6B
真空冷冻干燥机	赛飞(中国)有限公司	Biosafer–10A
电化学工作站	上海辰华仪器有限公司	CHI660D

7.2 前驱体浓度对 Co_9S_8@S–rGO 分级多孔复合薄膜电化学性能影响

7.2.1 分级多孔复合薄膜的制备

Co_9S_8@S–rGO 复合薄膜的制备方案如下。

① 氧化石墨烯(GO)水分散液的制备：制备 2 mg/mL 的 GO 水分散液以备实验使用。具体实验步骤参见第 3.2 节的实验过程。

② 不同浓度的前驱体溶液的制备：

首先，取 4 个烧杯分别加入 30 mL 的 GO 水分散液(2 mg/mL)和 60 mg 的硫粉磁力搅拌均匀，再向其中分别加入 0.5 mmol、1 mmol、2 mmol、和 3 mmol 的 $CoCl_2·6(H_2O)$ 粉末继续磁力搅拌 8 小时使得前驱体溶液分散均匀。之后把上述溶液倒入水热反应釜，并放置于恒温烘箱中 180 ℃ 反应 12 小时。水热反应结束并降至室温后，离心收集产物。再分别用丙酮、酒精、去离子水离心清洗产物，并把产物冷冻干燥 24 小时得到黑色蓬松的前驱体。

③ Co_9S_8@S–rGO 分级多孔复合薄膜的制备：

以上述制备的产物为前驱体，用氩气作为保护气体，进行热退火处理。退火过程中先 300 ℃ 预处理 1 小时，再 800 ℃ 处理 3 小时，升温/降温速率均为 5 ℃/min，最终得到的产物分别记作 Co_9S_8@S-rGO-0.5、Co_9S_8@S-rGO-1、Co_9S_8@S-rGO-2、Co_9S_8@S-rGO-3。

另外，本小节在相同的实验条件下制备不含 Co_9S_8 纳米颗粒的纯 S-rGO 样品作为对照组。

7.2.2 分级多孔复合薄膜的形貌表征与结构分析

本小节首先对制备的纯 S-rGO 样品的表面形貌及元素分布进行了表征，结果如图 7-1 所示。图 7-1(a) 是 S-rGO 薄膜样品的 SEM 形貌图，由图可以明显地看出透明褶皱状的石墨烯典型的形貌结构，这也为电化学反应提供了较大的比表面和丰富的电活性位点。本小节还利用 EDS mapping 对 S-rGO 薄膜的元素分布进行了同步表征。其中，图 7-1(b) 是元素分布选区 SEM 图；图 7-1(c) 显示了 S 元素的分布图；图 7-1(d) 显示了 C 元素的分布图。形貌分析结果表明 S 元素均匀分布于石墨烯薄膜中，即成功制备了 S-rGO 样品。

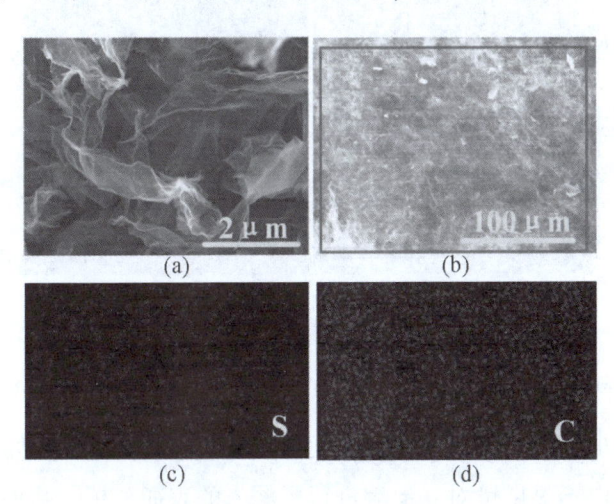

图 7-1　S-rGO 薄膜样品的表面形貌和元素分布 EDS mapping 图

(a) SEM 形貌图　(b) 元素分布选区 SEM 图　(c) S 元素分布图　(d) C 元素分布图

图 7-2 是 Co_9S_8@S-rGO-0.5、Co_9S_8@S-rGO-1、Co_9S_8@S-rGO-2、Co_9S_8@S-rGO-3 分级多孔复合薄膜样品的 SEM 形貌图。其中，图 7-2(a) 和图 7-2(b) 是 Co_9S_8@S-rGO-0.5 和 Co_9S_8@S-rGO-1 的 SEM 图，由图可知，当前驱体中 Co^{2+} 浓度较低时，只有少量的纳米颗粒分散在 S-rGO 纳

米片层上，导致制备的产物中作为赝电容材料的 Co_9S_8 含量较低，进而降低了 $Co_9S_8@S-rGO$ 复合薄膜的电化学性能。图 7-2(c) 是 $Co_9S_8@S-rGO-2$ 的形貌图，图中显示了有大量的 Co_9S_8 纳米颗粒均匀分散于 S-rGO 纳米片层上，并且在 S-rGO 纳米片层间插入的这些纳米颗粒有助于缓解纳米片由于静电作用力而引起的团聚效应；同时具有透明丝绸状结构的 S-rGO 纳米片不仅可以为电化学反应提供较多可利用的比表面积，也为 Co_9S_8 纳米颗粒的生成提供了大量的附着位点，有利于提高 $Co_9S_8@S-rGO-2$ 复合薄膜电极的储能特性。图 7-2(d) 是 $Co_9S_8@S-rGO-3$ 的形貌图，显示当前驱体中加入过量的 Co^{2+} 时，会有大量的 Co_9S_8 纳米颗粒团聚在一起，既会降低 $Co_9S_8@S-rGO-3$ 复合薄膜的电导率、也不利于电解液离子扩散到电极材料的内部，进而影响 $Co_9S_8@S-rGO-3$ 复合薄膜的能量密度和倍率特性。

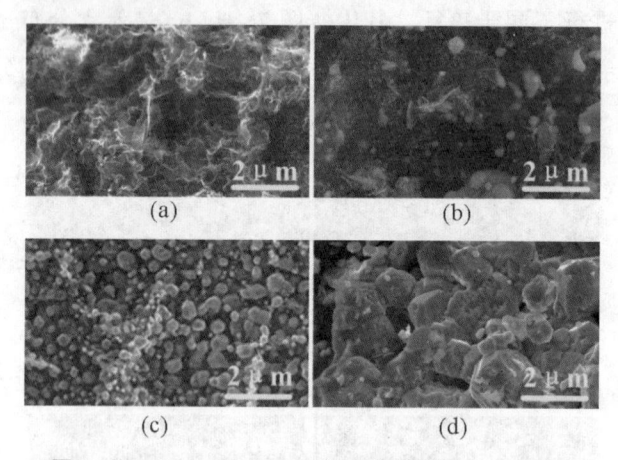

图 7-2　$Co_9S_8@S-rGO$ 复合薄膜样品的 SEM 图

(a) $Co_9S_8@S-rGO-0.5$　(b) $Co_9S_8@S-rGO-1$　(c) $Co_9S_8@S-rGO-2$　(d) $Co_9S_8@S-rGO-3$

为了进一步分析 $Co_9S_8@S-rGO-2$ 分级多孔复合薄膜的结构特征，本小节还利用透射电子显微镜对其形貌进行了深入的表征分析，结果如图 7-3 所示。图 7-3(a) 是 $Co_9S_8@S-rGO-2$ 复合薄膜样品的 TEM 图，由图可以清晰的看出 S-rGO 纳米片的多孔形貌，并且插入在纳米片间的 Co_9S_8 纳米颗粒也可以降低 S-rGO 纳米片的团聚效应，提高复合材料的比表面积。这种分级多孔的复合薄膜结构不仅可以提高电化学反应可利用的比表面积、还可以缩短电解液离子的扩散距离、降低接触内阻，进而有利于复合材料比容量的提高。图 7-3(b) 是 $Co_9S_8@S-rGO-2$ 复合薄膜样品的 HRTEM 图，显示了复合材料

第七章　Co₉S₈@S-rGO 分级多孔复合薄膜制备及其储能特性研究

中有大量的孔状结构，这与图 7-3(a)中的表征结果相一致。从图中还可以观察到清晰的晶格条纹，并且 0.20 nm 的晶格条纹间距对应于 Co₉S₈ 纳米颗粒的(422)晶面。图 7-3(c)是 Co₉S₈@S-rGO-2 复合薄膜样品的选区晶格衍射图，表明了 Co₉S₈ 纳米颗粒具有较好的结晶型，其衍射环对应的晶格条纹间距 0.35 nm、0.19 nm、0.20 nm 和 0.13 nm 与 Co₉S₈ 材料的标准 PDF 卡片 No.86-2273 中的(220)、(511)、(422)和(642)晶面数据一一对应。此外，本小节还对 Co₉S₈@S-rGO-2 复合薄膜的元素分布进行了表征，图 7-3(d)是元素分布选区 TEM 图，图 7-3(e)是 C 元素分布图；图 7-3(f)是 S 元素分布图，图 7-3(g)是 Co 元素分布图。以上分析结果均表明已成功制备了 Co₉S₈@S-rGO-2 分级多孔复合薄膜。

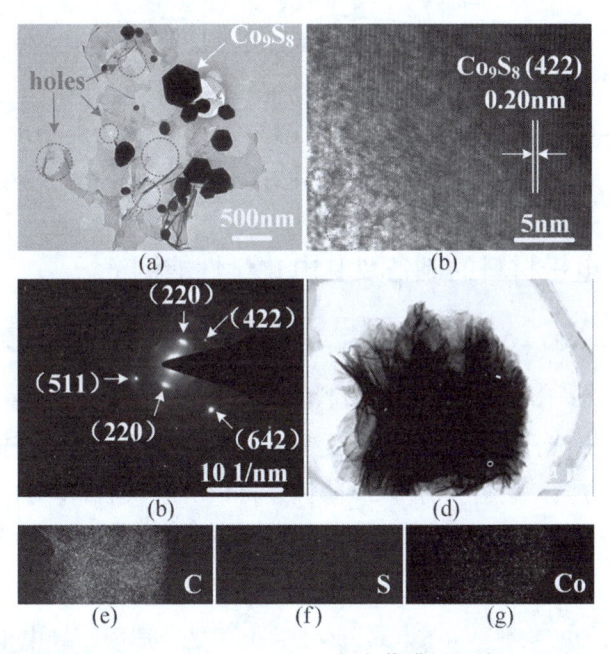

图 7-3　Co₉S₈@S-rGO-2 复合薄膜样品的 TEM 图
(a) TEM 图　(b) HRTEM 图　(c) 晶格衍射图　(d) 元素分布选区 TEM 图
(e) C 元素分布图　(f) S 元素分布图　(g) Co 元素分布图

图 7-4 是纯 S-rGO、Co₉S₈@S-rGO-0.5、Co₉S₈@S-rGO-1、Co₉S₈@S-rGO-2 和 Co₉S₈@S-rGO-3 薄膜样品的 XRD 谱图，由图可知，纯 S-rGO 的 XRD 图中在衍射角 2θ=26°处有一个明显的衍射峰对应于石墨烯的(002)晶面，并且在 2θ=10.8°处没有氧化石墨烯的特征峰。而其他 4 组 Co₉S₈

@S-rGO 复合薄膜的 XRD 光谱在 $2\theta = 26°$ 处的衍射峰强度相对较弱，这可能是 Co_9S_8 纳米颗粒的特征峰强度比石墨烯的特征峰更强，致使石墨烯的特征峰在复合薄膜的 XRD 图谱中不易显现。此外，4 组 Co_9S_8@S-rGO 复合薄膜中其余的特征峰均与 Co_9S_8 的标准 PDF 卡片 No.86-2273 中的（311）、（222）、（400）、（331）、（511）、（440）、（531）晶面一一对应，这也表明了前驱体中 Co^{2+} 的浓度不会影响产物中 Co_9S_8 的晶型结构。

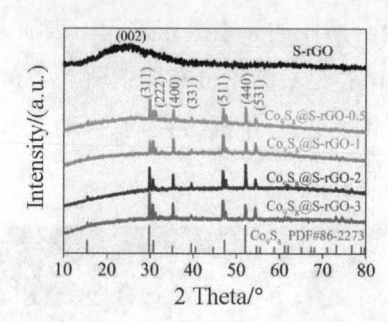

图 7-4　纯 S-rGO、Co_9S_8@S-rGO-0.5、Co_9S_8@S-rGO-1、Co_9S_8@S-rGO-2 和 Co_9S_8@S-rGO-3 复合薄膜样品的 XRD 谱图

7.2.3　复合电极材料的制备及其电化学性能测试

Co_9S_8@S-rGO-0.5、Co_9S_8@S-rGO-1、Co_9S_8@S-rGO-2 和 Co_9S_8@S-rGO-3 分级多孔复合薄膜电极材料的制备方案如下。

① 基底的清洗：本实验采用活性炭布作导电基底。首先，把碳布放入含有 50 mL 丙酮的烧杯中超声清洗 20 分钟，再依次放入酒精、去离子水中分别超声处理 20 分钟，之后把已经处理好的碳布放入 80 ℃的真空干燥箱中烘干备用。

② 制备均匀的浆料：先把 Co_9S_8@S-rGO 复合薄膜、导电剂（乙炔黑）和黏接剂（PVDF）按质量比 8∶1∶1 的方式，分别称取样品并放入研钵中。再滴加适量的 DMF 溶液，并手动研磨 30 分钟以得到混合均匀的电极浆料。

③ 涂覆复合电极材料：先取已清洗的碳布（每一片的尺寸为 1 cm × 3 cm）称其质量（m_0），再把上述步骤②得到的均匀浆料涂覆在碳布基底上，并把涂覆完成的碳布放入真空干燥箱中 110 ℃烘 12 小时后，冷却至室温即可得到 Co_9S_8@S-rGO-0.5、Co_9S_8@S-rGO-1、Co_9S_8@S-rGO-2 和 Co_9S_8@S-rGO-3 复合电极。之后把制备好的复合电极称重（m_1），进而可以计算在碳布上附着

的电极材料的质量($m_1 - m_0$)。每一片碳布上电极材料的负载量约为 2 mg/cm²。

Co₉S₈@S-rGO 复合电极的电化学特性是用三电极体系来表征的,其中工作电极为电极材料,辅助电极为铂电极,参比电极为饱和甘汞电极,测试体系的电解液为 6 mol/L 的 KOH 水溶液。CV 和 GCD 测试的电压工作范围均为 -0.6~0.3 V,EIS 设置的频率范围是 $10^{-2} \sim 10^6$ Hz,其施加的正弦电压是 0.005 V。所有的样品的电化学测试都是在室温环境中进行的,并且测试的仪器采用的是上海辰华生产的 CHI660D 型的电化学工作站。

图 7-5 是 Co₉S₈@S-rGO 复合电极的循环伏安特性和电化学交流阻抗特性对比图。其中,图 7-5(a)、(b)、(c)和(d)分别是 Co₉S₈@S-rGO-0.5、Co₉S₈@S-rGO-1、Co₉S₈@S-rGO-2 和 Co₉S₈@S-rGO-3 复合电极在不同扫描速率(10 mV/s、20 mV/s、30 mV/s、50 mV/s、70 mV/s、100 mV/s 和 200 mV/s)下的 CV 图,电压范围设置为 -0.6~0.3 V。这 4 组 CV 曲线都具有典型的氧化峰/还原峰,表明 Co₉S₈ 是以赝电容反应的储能方式为复合电极提供容量的。并且这些 CV 曲线都具有较好的对称性,说明了 Co₉S₈@S-rGO 复合电极均表现出了高度可逆的电化学反应过程。其氧化还原反应过程可表达为[56,67,69]:

$$Co_9S_8 + OH^- \leftrightarrow Co_9S_8O_{11} + e^- \qquad (7-1)$$

图 7-5(e)是 4 组 Co₉S₈@S-rGO 复合电极在扫描速率为 50 mV/s 时的 CV 曲线对比图。由图可知,在相同的扫描速率下,Co₉S₈@S-rGO-2 复合电极的 CV 曲线所包围的面积最大,表明这 4 组样品中 Co₉S₈@S-rGO-2 复合薄膜具有最高的比容量。本实验还对 4 组 Co₉S₈@S-rGO 复合电极的电化学交流阻抗特性(EIS)进行了对比分析,结果如图 7-5(f)所示。这 4 组样品的 EIS 图都是由高频区的半圆弧和低频区的斜线组成。其中,EIS 曲线在高频区与实轴的截距是电化学测试体系的等效串联电阻(Rs);高频区半圆的直径表征了在电极材料与电解质界面处发生法拉第反应时的电荷转移电阻(Rct);而低频区的斜线的斜率越大表示电极材料的电容特性越好[55]。Co₉S₈@S-rGO-0.5、Co₉S₈@S-rGO-1、Co₉S₈@S-rGO-2 和 Co₉S₈@S-rGO-3 复合电极的 Rs 分别为 1.40 Ω、1.37 Ω、1.30 Ω 和 2.95 Ω,而它们的 Rct 分别为 0.22 Ω、1.15 Ω、0.20 Ω 和 1.19 Ω。因此,对比 EIS 图可以发现,Co₉S₈@S-rGO-2

复合电极具有最小等效串联电阻和最小的电荷转移电阻，并且它在低频区斜线

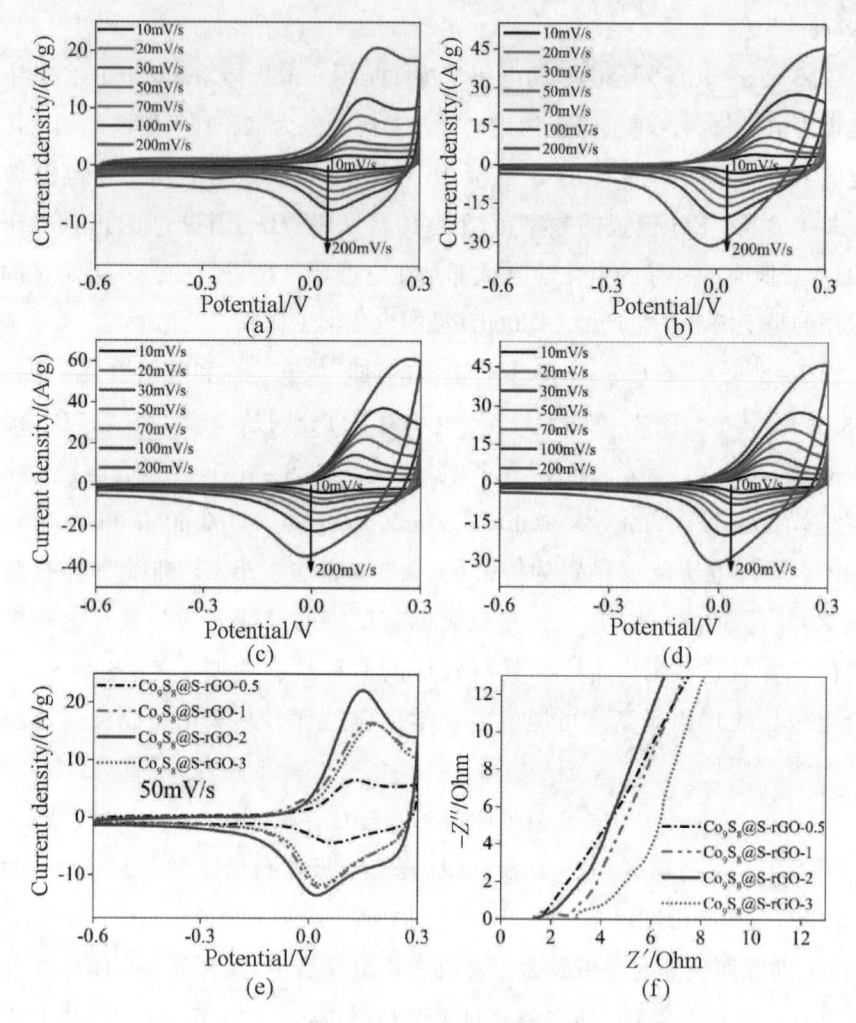

图 7-5　Co₉S₈@S-rGO 分级多孔复合电极材料循环伏安特性和交流阻抗分析图

(a) Co₉S₈@S-rGO-0.5 在不同扫描速率下的 CV 图

(b) Co₉S₈@S-rGO-1 在不同扫描速率下的 CV 图

(c) Co₉S₈@S-rGO-2 在不同扫描速率下的 CV 图

(d) Co₉S₈@S-rGO-3 在不同扫描速率下的 CV 图

(e) 4 组 Co₉S₈@S-rGO 复合电极在扫描速率为 50 mV/s 时的 CV 曲线对比图

(f) 4 组 Co₉S₈@S-rGO 复合电极的交流阻抗图

的斜率也是最大的。综上所述，Co_9S_8@S-rGO-2复合电极表现出较低的内阻和较好的电化学特性，这主要归因于适当的前驱体浓度可以促使Co^{2+}均匀吸附在氧化石墨烯纳米片周围，并通过水热反应及退火处理工艺，可以优化产物中Co_9S_8纳米颗粒在S-rGO三维多孔纳米片层上的分散状态。其中，三维多孔的S-rGO纳米片作为复合材料的导电骨架不仅能提高电化学反应中离子/电子的传输效率、还为Co_9S_8纳米颗粒的原位生长提供了更多附着位点，同时也可以缓解Co_9S_8纳米颗粒在氧化还原反应过程中的体积变化效应，最终得到比容量高、接触内阻低的Co_9S_8@S-rGO-2分级多孔复合薄膜电极。

图7-6是Co_9S_8@S-rGO复合电极材料恒流充放电和比容量性能对比图。其中，图7-6(a)、(b)、(c)和(d)分别是Co_9S_8@S-rGO-0.5、Co_9S_8@S-rGO-1、Co_9S_8@S-rGO-2和Co_9S_8@S-rGO-3复合电极在不同电流密度（1.5 A/g、2 A/g、2.5 A/g、3 A/g、4 A/g、5 A/g、6 A/g、7 A/g和10 A/g）下的GCD图。由图可知这4组GCD图的充电/放电曲线都具有对称性，并且在0~0.15 V的电压区间内有明显的放电平台，说明本小节所制备的Co_9S_8@S-rGO复合电极材料都具有较高的库伦效率且都表现出了明显的赝电容储能特性，这也和上述图7-5(a)至图7-5(d)中出现的氧化/还原峰的表征结果保持一致。

图7-6(e)是4组Co_9S_8@S-rGO复合电极在电流密度为2 A/g时的恒流充放电特性对比图，在相同的电流密度下，4组电极材料的放电时间随着前驱体浓度的升高先增加后减少，Co_9S_8@S-rGO-2复合电极的放电时间最长。根据电极材料比容量的计算公式可以得到Co_9S_8@S-rGO-0.5、Co_9S_8@S-rGO-1、Co_9S_8@S-rGO-2和Co_9S_8@S-rGO-3复合电极材料在2 A/g时的比容量分别为49.7 F/g、124.2 F/g、167.6 F/g和118.6 F/g。此外，根据图7-6(a)至图76(d)的GCD曲线可以得到这4组Co_9S_8@S-rGO复合电极的在不同电流密度下的比容量对比图，结果如图7-6(f)所示。由图可知，在相同的电流密度下，Co_9S_8@S-rGO-2复合电极材料的比容量远远的高于其他3组样品的比容量。当电流密度由1.5 A/g增大到10 A/g时，Co_9S_8@S-rGO-2复合电极的比容量由173.2 F/g降低到130.5 F/g，而Co_9S_8@S-rGO-0.5、Co_9S_8@S-rGO-1、Co_9S_8@S-rGO-3复合电极的比容量分别由51.9 F/g降低到37.0 F/g、由126.4 F/g降低到102.2 F/g、由121.8 F/g降低到94.4F/g，上述实验结果表明Co_9S_8@S-rGO-2复合电极材料即使在大电流密度下仍然

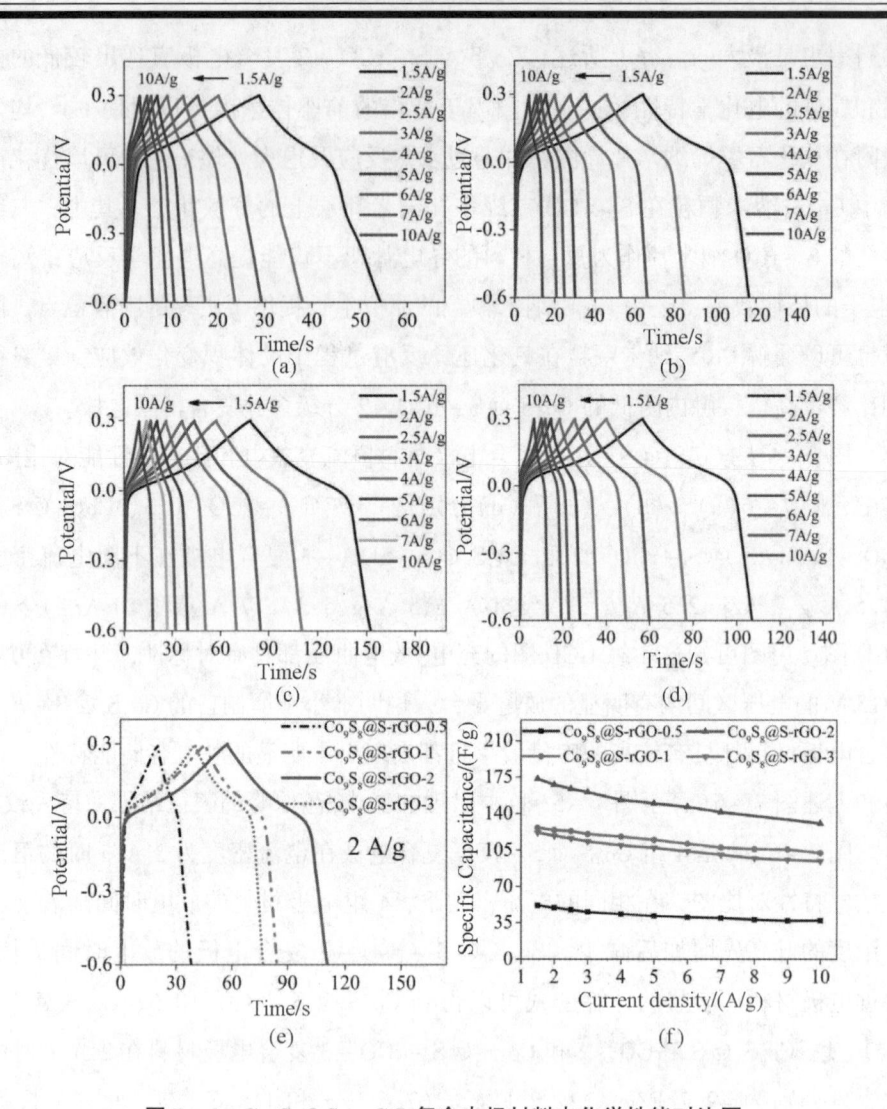

图 7-6 Co$_9$S$_8$@S-rGO 复合电极材料电化学性能对比图

(a) Co$_9$S$_8$@S-rGO-0.5 在不同电流密度下的 GCD 图

(b) Co$_9$S$_8$@S-rGO-1 在不同电流密度下的 GCD 图

(c) Co$_9$S$_8$@S-rGO-2 在不同电流密度下的 GCD 图

(d) Co$_9$S$_8$@S-rGO-3 在不同电流密度下的 GCD 图

(e) 4 组 Co$_9$S$_8$@S-rGO 复合电极材料在电流密度为 2 A/g 时的 GCD 曲线对比图

(f) 4 组 Co$_9$S$_8$@S-rGO 复合电极材料在不同电流密度下得到的比容量对比图

可以保持较好的电容特性。这主要是因为当前驱体浓度过高时，得到的复合材料(如 Co_9S_8@S－rGO－3)中有较多的 Co_9S_8 纳米颗粒团聚在一起,降低了复合材料的电导率及电化学反应效率;当前驱体浓度太低时,复合材料(如 Co_9S_8@S－rGO－0.5、Co_9S_8@S－rGO－1)中作为赝电容材料的 Co_9S_8 纳米颗粒占比较少,降低了复合电极比容量中起决定作用的赝电容的贡献率;因此,适当调控前驱体的浓度可以优化产物中 Co_9S_8 纳米颗粒在 S－rGO 上的分布状态,得到的分级多孔复合电极材料(如 Co_9S_8@S－rGO－2)不仅可以缩短电解液离子扩散到电极表面的距离、提高电极材料与电解液的浸润性、还为电化学反应提供了丰富的三维导电通道、增强了电子传输效率,进而提高了 Co_9S_8@S－rGO－2 复合电极材料的电化学性能。

7.3 前驱体 pH 值对 Co_9S_8@S－rGO 分级多孔复合薄膜电化学性能影响

7.3.1 分级多孔复合薄膜的制备

Co_9S_8@S－rGO 复合薄膜的制备方案(如图 7－7 所示)如下。

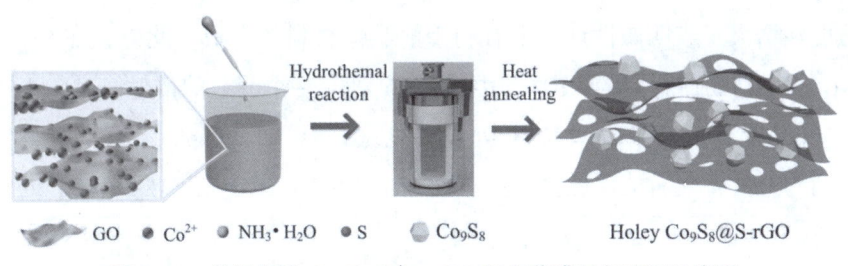

图 7－7 分级多孔 Co_9S_8@S－rGO 复合薄膜制备流程示意图

① 氧化石墨烯(GO)水分散液的制备:制备 2 mg/mL 的 GO 水分散液以备实验使用。具体实验步骤参见第 3.2 节的实验过程。

② 不同 pH 值的前驱体溶液的制备:首先,取 3 个烧杯分别加入 60 mL 的 GO 水分散液(2 mg/mL)和 120 mg 的硫粉磁力搅拌均匀,向其中分别加入 4 mmol 的 $CoCl_2·6(H_2O)$ 粉末继续磁力搅拌 8 小时使得前驱体溶液分散均匀,再用氨水调节三组样品的 pH 值分别为 pH＝7、pH＝9 和 pH＝11。之后把上述溶液倒入水热反应釜,并放置于恒温烘箱中先 120 ℃反应 6 小时、再 220 ℃反应 12 小时。水热反应结束并降至室温后,离心收集产物。再分别用丙酮、酒

精、去离子水离心清洗产物，并把产物冷冻干燥24小时得到黑色蓬松的前驱体材料。

③ $Co_9S_8@S-rGO$ 分级多孔复合薄膜的制备：以上述制备的产物为前驱体，用氩气作为保护气体，进行热退火处理。退火过程中先 300 ℃ 预处理 1 小时，再 800 ℃ 处理 3 小时，升温/降温速率均为 5 ℃/min，最终得到的产物分别记作 $Co_9S_8@S-rGO-7$、$Co_9S_8@S-rGO-9$、$Co_9S_8@S-rGO-11$。

7.3.2 分级多孔复合薄膜形貌表征与结构分析

本小节首先对 $Co_9S_8@S-rGO$ 薄膜样品及其前驱体材料的晶体结构进行了表征，结果如图 7-8 所示。其中，图 7-8(a) 是 $Co_9S_8@S-rGO-7$、$Co_9S_8@S-rGO-9$、$Co_9S_8@S-rGO-11$ 复合薄膜相应的前驱体材料（即退火处理前）的 XRD 谱图，显示所有的前驱体材料在 $2\theta = 14.8°$、$16.3°$、$20.3°$、$22.1°$、$24.9°$、$28.1°$、$30.5°$、$30.7°$、$32.1°$、$36.5°$、$39.5°$、$45.4°$、$53.8°$ 处的衍射峰与 $CoSO_4 \cdot 6(H_2O)$ 材料的标准卡片 PDF#78-1799 在 (004)、(-112)、(-114)、(114)、(204)、(116)、(311)、(206)、(222)、(-226)、(-318)、(318)、(-338) 晶面一一对应。并且随着前驱体 pH 值的增大，对应的衍射峰的强度在增大，表明碱性环境更有利于前驱体材料的合成。此外，在 $Co_9S_8@S-rGO-7$ 前驱体材料的 XRD 图中 $2\theta = 26°$ 处有一个明显的衍射峰对应于石墨烯的 (002) 晶面，且在 $2\theta = 10.8°$ 处没有氧化石墨烯的特征峰，这说明氧化石墨烯结构上的含氧官能团已被去掉。而其余 2 组的 XRD 光谱在 $2\theta = 26°$ 处的衍

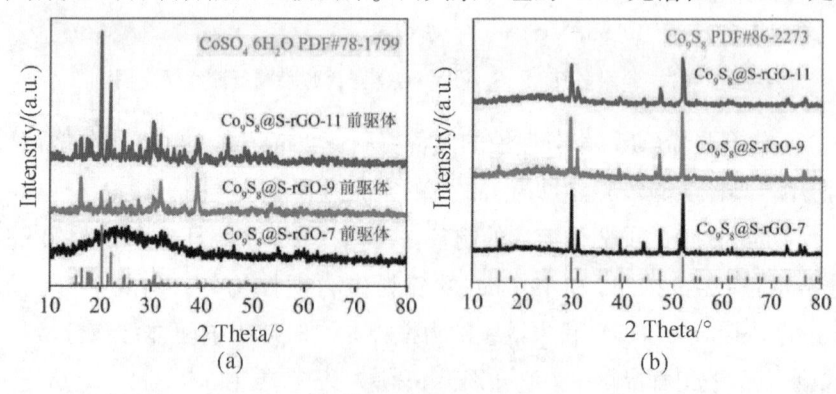

图 7-8 薄膜样品的 XRD 图谱

(a) $Co_9S_8@S-rGO$ 复合薄膜前驱体材料的 XRD 谱图 (b) $Co_9S_8@S-rGO$ 复合薄膜样品的 XRD 谱图

射峰强度相对较弱，这可能是因为前驱体复合材料中 $CoSO_4 \cdot 6(H_2O)$ 纳米粒子的特征峰强度远远高于石墨烯的特征峰，致使石墨烯的特征峰在复合薄膜的 XRD 图谱中不易被观察到。图 7-8(b) 是前驱体材料经过退火处理后得到的 Co_9S_8@S-rGO-7、Co_9S_8@S-rGO-9、Co_9S_8@S-rGO-11 复合薄膜样品的 XRD 谱图。可以明显观察到所有样品在衍射角为 15.5°、29.8°、31.2°、39.6°、47.6°、52.1°、61.2°、62.0°、73.2°、76.8°，并与 (111)、(311)、(222)、(331)、(511)、(440)、(533)、(622)、(731)、(800) 晶面相对应，这些衍射峰均与 Co_9S_8 材料的标准 PDF 卡片 No.86-2273 中的标准数据保持一致。以上测试结果表明已成功制备了 Co_9S_8@S-rGO 薄膜样品。

本小节还对前驱体材料和退火后制备的 Co_9S_8@S-rGO 复合薄膜的形貌进行了表征，如图 7-9 所示。其中，图 7-9(a)、(c)、(e) 分别是 Co_9S_8@S-rGO-7 前驱体材料、Co_9S_8@S-rGO-9 前驱体材料和 Co_9S_8@S-rGO-11 前驱体材料的 SEM 图。由 3 组前驱体样品图显示，水热反应后得到的前驱体材料中，$CoSO_4 \cdot 6(H_2O)$ 纳米粒子均匀分散在具有典型褶皱结构的 S-rGO 纳米片上。图 7-9(b)、(d)、(f) 分别是 Co_9S_8@S-rGO-7 复合薄膜、Co_9S_8@S-rGO-9 复合薄膜、Co_9S_8@S-rGO-11 复合薄膜的 SEM 图，显示了 Co_9S_8 纳米颗粒均匀分散在 S-rGO 分级多孔纳米片层上，同时 S-rGO 纳米片较大的比表面积也为纳米粒子的原位生长提供了丰富的附着位点。在前驱体经历退火处理的过程中，$CoSO_4 \cdot 6(H_2O)$ 纳米粒子进一步发生反应生成 Co_9S_8，同时 S-rGO 结构上的硫原子也有一部分参与反应生成和硫相关的气体（如 H_2S 或 SO_2），使得 S-rGO 上的碳骨架遭到破坏在宏观上表现出多孔形貌结构[168]。随着前驱体溶液的 pH 值由 7 升高为 9 时，对应 Co_9S_8@S-rGO 产物中 S-rGO 薄膜上的孔径增大；而当前驱体溶液的 pH 值继续升高到 11 时，S-rGO 薄膜不再是连续的而是呈碎片状，表明前驱体溶液的 pH 值会直接影响产物中 S-rGO 薄膜的形貌结构，随着碱性的增强，将有利于 S-rGO 薄膜多孔形貌的调控，但碱性过强会破坏 Co_9S_8@S-rGO 复合材料中作为三维导电网络的 S-rGO 形貌结构，进而降低电化学反应中电子的传输效率和材料的循环稳定性。

7.3.3 电极材料的制备及其电化学性能测试

Co_9S_8@S-rGO-7、Co_9S_8@S-rGO-9 和 Co_9S_8@S-rGO-11 复合薄膜

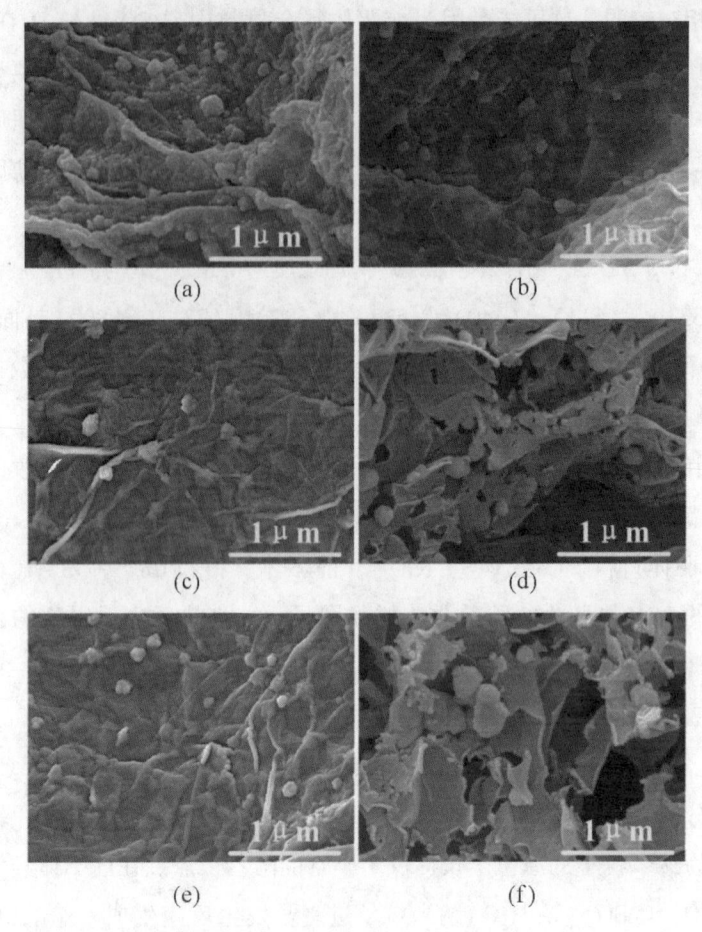

图 7 -9 复合薄膜样品的 SEM 图

(a) Co_9S_8@S-rGO-7 前驱体材料　(b) Co_9S_8@S-rGO-7 复合薄膜

(c) Co_9S_8@S-rGO-9 前驱体材料　(d) Co_9S_8@S-rGO-9 复合薄膜

(e) Co_9S_8@S-rGO-11 前驱体材料　(f) Co_9S_8@S-rGO-11 复合薄膜

电极材料的制备方案和电化学测试参数设置如第 7.2.3 节所示。

图 7 -10 是 3 组 Co_9S_8@S-rGO 复合电极材料的循环伏安特性曲线图。其中，图 7 -10(a)、(b)、(c)分别是 Co_9S_8@S-rGO-7 复合电极、Co_9S_8@S-rGO-9 复合电极和 Co_9S_8@S-rGO-11 复合电极在扫描速率为 5 mV/s、7 mV/s、9 mV/s、10 mV/s、20 mV/s、30 mV/s、50 mV/s、70 mV/s、100 mV/s 和 200 mV/s 时的 CV 图，由图可知 3 组复合电极样品的 CV 曲线都具有较好的对称性及典型的氧化峰/还原峰，说明 Co_9S_8@S-rGO 复合电极都表现出了高

第七章 Co$_9$S$_8$@S-rGO 分级多孔复合薄膜制备及其储能特性研究

度可逆的赝电容反应过程,其氧化还原反应过程如公式(7-1)所示。

当扫描速率由 5 mV/s 逐渐增大到 200 mV/s 时,CV 曲线的形状仍没有发生明显的畸变,表明制备的 3 组 Co$_9$S$_8$@S-rGO 复合电极样品均具有较好的倍率特性。这是因为分级多孔的形貌结构有利于缩短电解液离子扩散到电极材料内部的有效距离,即使在高扫描速率下电极材料与电解液离子仍然来得及发生高效的氧化还原反应。图 7-10(d)是 3 组 Co$_9$S$_8$@S-rGO 复合电极材料在扫

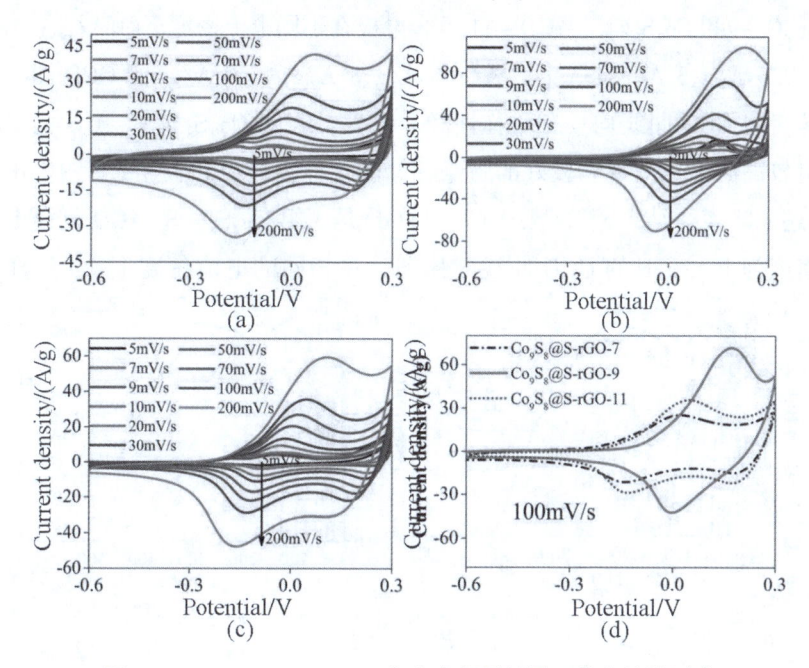

图 7-10 Co$_9$S$_8$@S-rGO 复合电极材料循环伏安特性测试

(a) Co$_9$S$_8$@S-rGO-7 复合电极在不同扫描速率下的 CV 图

(b) Co$_9$S$_8$@S-rGO-9 复合电极在不同扫描速率下的 CV 图

(c) Co$_9$S$_8$@S-rGO-11 复合电极在不同扫描速率下的 CV 图

(d) 4 组 Co$_9$S$_8$@S-rGO 复合电极在扫描速率为 100 mV/s 时的 CV 曲线对比图

描速率为 100 mV/s 时的 CV 曲线对比图,可以发现在相同的扫描速率下,Co$_9$S$_8$@S-rGO-9 复合薄膜电极的 CV 曲线所包围的面积最大,且它也具有最高的峰值电流密度,表明 Co$_9$S$_8$@S-rGO-9 复合电极在这 3 组样品中具有最高的比容量。这主要是因为由 Co$_9$S$_8$@S-rGO 复合薄膜的 SEM 形貌表征图可知,前驱体 pH 值过高或过低都不利于调控复合材料中 S-rGO 的多孔形貌结构,进而降低了电化学反应中电子的传输效率及材料的循环稳定性。而 Co$_9$S$_8$

@S-rGO-9复合材料中具有较好分级多孔形貌结构的S-rGO纳米片作为三维导电网络骨架不仅可以提高电化学反应过程中电子的传输效率,还有利于电极与电解液的浸润性,进而降低电极与电解液的接触内阻,提高Co_9S_8@S-rGO-9复合电极的比容量。

图7-11是3组Co_9S_8@S-rGO复合电极在不同电流密度下的恒流充放电对比图。其中,图7-11(a)、(b)和(c)分别是Co_9S_8@S-rGO-7、Co_9S_8@S-rGO-9和Co_9S_8@S-rGO-11复合电极在不同电流密度下(1 A/g、1.5 A/g、2 A/g、2.5 A/g、3 A/g、4 A/g、5 A/g、6 A/g、8 A/g和10 A/g)的GCD图。由图可知这3组GCD曲线均具有对称性和非线性,表明Co_9S_8@S-rGO电极材料都具有较高的库伦效率和较好的赝电容储能特性,这也和上述CV图中出现的氧化/还原峰表征结果相符合。图7-11(d)是3组Co_9S_8@S-rGO复合电极在电流密度为1 A/g时的GCD曲线对比图,在相同的电流密度下,3组样品的

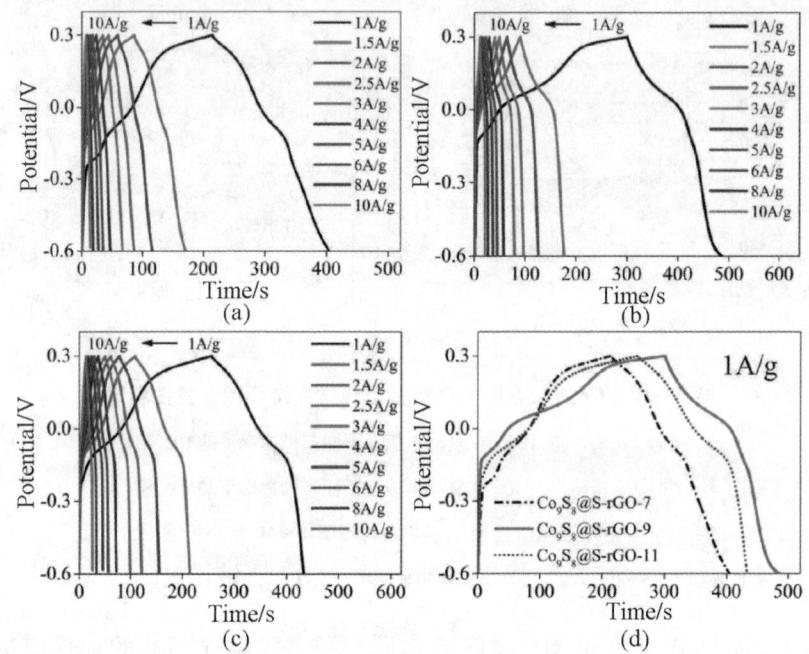

图7-11 复合电极样品的GCD测试图

(a) Co_9S_8@S-rGO-7复合电极在不同电流密度下的GCD图

(b) Co_9S_8@S-rGO-9复合电极在不同电流密度下的GCD图

(c) Co_9S_8@S-rGO-11复合电极在不同电流密度下的GCD图

(d) 3组Co_9S_8@S-rGO复合电极在电流密度为1 A/g时的GCD曲线对比图

第七章 Co$_9$S$_8$@S–rGO 分级多孔复合薄膜制备及其储能特性研究

GCD 曲线具有类似的形状，但 Co$_9$S$_8$@S–rGO–9 复合电极的放电时间最长。根据 GCD 曲线和电极材料比容量计算公式，可以计算当电流密度为 1 A/g 时，Co$_9$S$_8$@S–rGO–7、Co$_9$S$_8$@S–rGO–9 和 Co$_9$S$_8$@S–rGO–11 复合电极的比容量分别为 239.5 F/g、348.5 F/g 和 264.2 F/g，即 Co$_9$S$_8$@S–rGO–9 复合电极的比容量最大，实验结果表明可以通过优化前驱体溶液的 pH 值进一步提高 Co$_9$S$_8$@S–rGO 复合电极的比容量。

由 GCD 曲线及电极材料比容量的计算公式可以得到 Co$_9$S$_8$@S–rGO–7、Co$_9$S$_8$@S–rGO–9 和 Co$_9$S$_8$@S–rGO–11 复合电极在不同电流密度下的比容量，如图 7–12(a) 的柱状图所示。由对比图可以发现，在相同的电流密度下，Co$_9$S$_8$@S–rGO–9 复合电极的比容量远远的高于其他 2 组样品的比容量。当电流密度由 1 A/g 增大到 10 A/g 时，Co$_9$S$_8$@S–rGO–9 复合电极的比容量由 348.5 F/g 降低到 206.5 F/g，而 Co$_9$S$_8$@S–rGO–7 和 Co$_9$S$_8$@S–rGO–11 复合电极的比容量分别由 239.5 F/g 降低到 86.6 F/g、由 264.2 F/g 降低到 192.0 F/g，说明 Co$_9$S$_8$@S–rGO–9 复合电极即使在大电流密度下仍然可以保持较好的电容特性。为了深入了解 Co$_9$S$_8$@S–rGO–7、Co$_9$S$_8$@S–rGO–9 和 Co$_9$S$_8$@S–rGO–11 复合薄膜电极在电化学反应过程中的界面接触行为，本小节对它们的电化学交流阻抗特性进行了对比分析，如图 7–12(b) 所示。这 3 组电极样品的 EIS 图都是由高频区的半圆弧和低频区的斜线组成。EIS 图在高频区与实轴的截距是电化学测试体系的等效串联电阻(Rs)；高频区半圆的直径表征了在电极材料与电解质界面处发生法拉第反应时的电荷转移电阻(Rct)，电荷

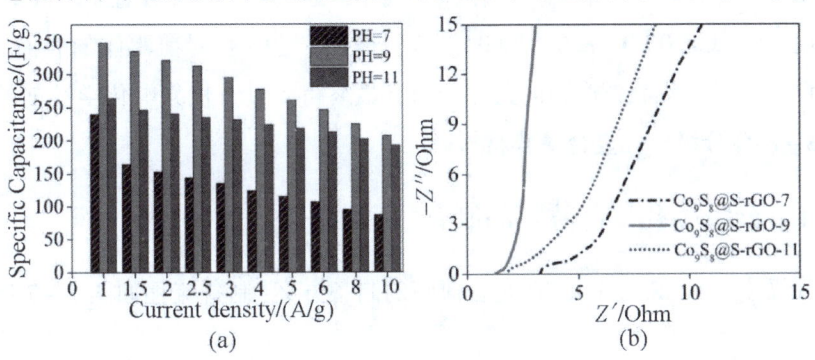

图 7–12　电极样品电化学性能对比图

(a) 3 组 Co$_9$S$_8$@S–rGO 复合电极在不同电流密度下与相应比容量的柱状图

(b) 3 组 Co$_9$S$_8$@S–rGO 复合电极 EIS 对比图

转移电阻越小表示电极材料越容易发生电化学反应；而低频区的斜线的斜率越大表示电极材料的电容特性越好。$Co_9S_8@S-rGO-7$、$Co_9S_8@S-rGO-9$ 和 $Co_9S_8@S-rGO-11$ 的 Rs 分别为 3.3 Ω、1.3 Ω 和 1.8 Ω；而它们的 Rct 分别为 1.7 Ω、0.4 Ω 和 0.9 Ω。因此，$Co_9S_8@S-rGO-9$ 复合电极具有最小等效串联电阻和最小的电荷转移电阻，并且它在低频区斜线的斜率也是最大的。这主要归因于适当优化前驱体溶液的 pH 值，可以有效调控 $Co_9S_8@S-rGO-9$ 产物的形貌结构，得到的分级多孔 S-rGO 纳米片作为复合薄膜中的三维导电骨架，不仅可以增强电极材料与电解液的浸润性、缩短电解液离子的扩散距离、提高电化学反应中电子/离子的传输效率、还能有效缓解电化学反应过程中 Co_9S_8 纳米颗粒体积的伸缩变化；而 Co_9S_8 纳米颗粒分散在 S-rGO 纳米片层间有利于降低纳米片的团聚，也为电化学反应提供了较大的可利用比表面积及更多的活性位点，因此，$Co_9S_8@S-rGO-9$ 复合电极表现出较低的接触内阻和优异的电容特性。

7.4 后处理温度对 $Co_9S_8@S-rGO$ 分级多孔复合薄膜电化学性能影响

不同的后处理温度会对 $Co_9S_8@S-rGO$ 复合材料的形貌和性能的调控效果产生差异，进而影响复合材料的电化学性能。因此，本小节先采用简便的水热法制备前驱体材料，再利用氩气作保护气体，通过把前驱体放置于不同的后处理温度(600 ℃/700 ℃/800 ℃/900 ℃)中退火，进一步对前驱体的表面/界面进行调控以优化所制备产物的孔径分布，最终得到具有优异电化学性能的 $Co_9S_8@S-rGO$ 分级多孔复合薄膜材料。

7.4.1 分级多孔复合薄膜的制备

分级多孔 $Co_9S_8@S-rGO$ 复合薄膜的制备方案(制备流程如图 7-7 所示)如下。

① 氧化石墨烯(GO)水分散液的制备：
具体实验步骤参见第 3.2 节的实验过程。

② $Co_9S_8@S-rGO$ 前驱体的制备：

首先，取 60 mL 的 GO 水分散液（2 mg/mL），向其中加入 4 mmol 的 $CoCl_2·6(H_2O)$ 和 120 mg 的硫粉并磁力搅拌 2 小时，之后向溶液中加入适量氨水以调节溶液 pH = 9。随后，把上述溶液转移至水热反应釜，并放置于烘箱中先 120 ℃ 反应 6 小时再 12 小时反应 220 ℃。水热反应结束并降至室温后，离心收集产物。再分别用丙酮、酒精、去离子水离心清洗产物，并把产物冷冻干燥 24 小时得到黑色蓬松的 Co_9S_8@S-rGO 前驱体。

③ 分级多孔 Co_9S_8@S-rGO 复合薄膜的制备：

以上述制备的产物为前驱体，在退火过程中用氩气作为保护气体，先 300 ℃ 预处理 1 小时，再分别设置不同的后处理温度（600 ℃/700 ℃/800 ℃/900 ℃）处理 3 小时，升温/降温速率均为 5 ℃/min，最终得到的产物分别记作 Co_9S_8@S-rGO-600、Co_9S_8@S-rGO-700、Co_9S_8@S-rGO-800、Co_9S_8@S-rGO-900。

另外，作为对照组，本小节在相同的实验条件下制备不含 Co_9S_8 纳米颗粒的纯 rGO 粉末及纯 S-rGO 粉末。

7.4.2 分级多孔复合薄膜的形貌表征与结构分析

利用氩气作保护气体，把黑色蓬松的 Co_9S_8@S-rGO 前驱体分别置于不同后处理温度（600 ℃/700 ℃/800 ℃/900 ℃）环境中进行退火处理，制备得到 Co_9S_8@S-rGO-600、Co_9S_8@S-rGO-700、Co_9S_8@S-rGO-800 和 Co_9S_8@S-rGO-900 三维分级多孔复合薄膜。作为对照组，本实验也同时制备了纯的 rGO 粉末和纯的 S-rGO 粉末。其中，图 7-13(a) 和图 7-13(b) 分别是纯 rGO 薄膜和纯 S-rGO 薄膜的 SEM 图，它们都表现出类似的具有典型石墨烯特征的褶皱结构。并且与 rGO 薄膜的表面形貌相比，S-rGO 薄膜表现出更透明的丝绸状结构，表明硫原子的掺杂可以进一步降低石墨烯的团聚提高其可利用的比表面积，这也赋予了 S-rGO 薄膜更多的电化学反应活性位点。

图 7-14 是 Co_9S_8@S-rGO 样品的表面形貌 SEM 及元素分布图。其中，图 7-14(a)、(b)、(c) 和 (d) 分别是 Co_9S_8@S-rGO-600、Co_9S_8@S-rGO-700、Co_9S_8@S-rGO-800 和 Co_9S_8@S-rGO-900 复合薄膜的 SEM 图。其中从图 7-14(a)、(b)、和 (c) 的 SEM 图显示，当后处理温度分别是 600 ℃、700 ℃ 和 800 ℃ 时，所得的产物都具有类似的形貌特性，即大量的 Co_9S_8 纳米颗粒

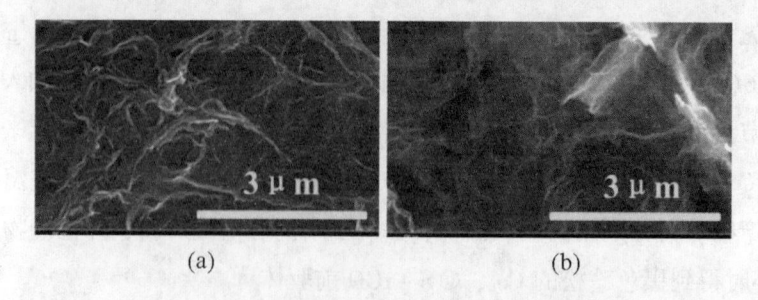

图 7-13 经退火处理后样品的 SEM 形貌图

(a) rGO (b) S-rGO

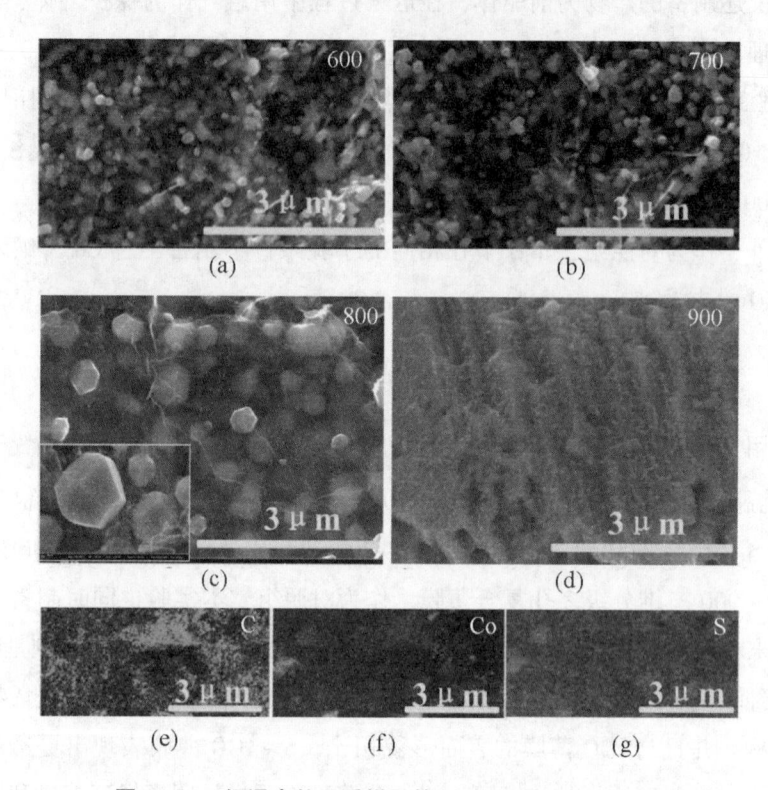

图 7-14 经退火处理后样品的 SEM 图及元素分布图

(a) Co_9S_8@S-rGO-600 (b) Co_9S_8@S-rGO-700

(c) Co_9S_8@S-rGO-800，插图是纳米颗粒的放大图

(d) Co_9S_8@S-rGO-900 (e-g) Co_9S_8@S-rGO-800 的元素分布图

其中 (e) C 元素分布图 (f) Co 元素分布图 (g) S 元素分布图

均匀分散在具有丰富比面积的 S-rGO 薄膜表面或层间。但也可以观察到 Co_9S_8 纳米颗粒在 Co_9S_8@S-rGO-800 复合薄膜中的尺寸比其他两组产物(Co_9S_8

@S–rGO–600、Co$_9$S$_8$@S–rGO–700）更大，这也表明了适当的高温后处理过程有利于 Co$_9$S$_8$ 纳米颗粒的形成。然而当后处理温度提升到 900 ℃时，前驱体材料中的 S–rGO 薄膜因为处理温度过高而被碳化，其形貌如图 7–14(d)所示。因此，相比于 Co$_9$S$_8$@S–rGO–600、Co$_9$S$_8$@S–rGO–700 和 Co$_9$S$_8$@S–rGO–800 复合薄膜，Co$_9$S$_8$@S–rGO–900 复合薄膜堆叠严重，其可利用的比表面积减少，进而可能导致电化学性能的下降。此外，本实验还对 Co$_9$S$_8$@S–rGO–800 复合薄膜的元素分布进行了表征，其中图 7–14(e)显示 C 元素均匀分布在 Co$_9$S$_8$@S–rGO–800 复合薄膜中，说明了 S–rGO 薄膜作为骨架存在于整个复合薄膜的结构中。7–14(f)显示了 Co 元素的分布图，表明了复合材料中有大量 Co$_9$S$_8$ 纳米颗粒存在。从图 7–14(g)观察到 S 元素分布于复合薄膜的整个区域，并且可以明显看到在 Co 元素分布的区域也都有 S 元素的存在，这也间接证实了复合薄膜中 Co$_9$S$_8$ 纳米颗粒和 S–rGO 的存在。

为了深入分析 Co$_9$S$_8$@S–rGO 复合薄膜的结构特点，本实验利用透射电子显微镜对退火前后样品的形貌结构进行对比分析，结果如图 7–15 所示。其中

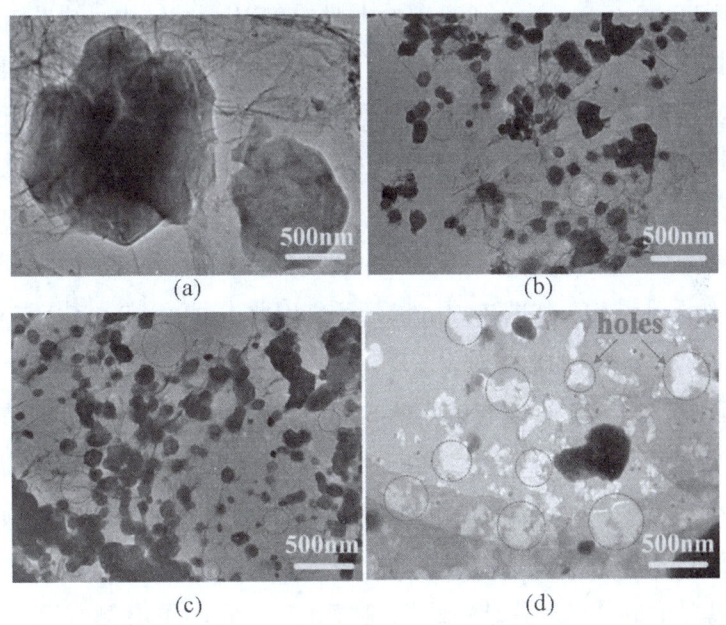

图 7–15 退火前/后样品的 TEM 对比图

(a) 退火前的 Co$_9$S$_8$@S–rGO 前驱体材料　(b) 经 600℃退火后的样品 Co$_9$S$_8$@S–rGO–600
(c) 经 700℃退火后的样品 Co$_9$S$_8$@S–rGO–700　(d) 经 800℃退火后的样品 Co$_9$S$_8$@S–rGO–800

图7-15(a)是退火前的Co_9S_8@S-rGO前驱体的TEM形貌图，由图可知S-rGO薄膜上没有多孔结构，并且$CoSO_4 \cdot 6(H_2O)$纳米颗粒分散于具有明显褶皱的S-rGO表面或片层间中。图7-15(b)和图7-15(c)是分别经过600 ℃/700 ℃退火处理后的Co_9S_8@S-rGO-600和Co_9S_8@S-rGO-700复合薄膜的TEM图，显示S-rGO薄膜上均有少量明显的孔状结构。图7-15(d)是经过800 ℃退火处理后的Co_9S_8@S-rGO-800复合薄膜的TEM形貌图，图中显示S-rGO薄膜上有大量的明显分级多孔结构。上述TEM对比分析结果表明：前驱体薄膜中的S-rGO薄膜没有孔结构，但经过不同温度的后处理(600 ℃/700 ℃/800 ℃)，产物中会逐渐出现多孔结构。并且在一定温度范围内，随着后处理温度的升高，所制备产物中的孔结构会明显增多，因此，图7-15(d)中Co_9S_8@S-rGO-800复合薄膜的分级多孔结构明显比Co_9S_8@S-rGO-600、Co_9S_8@S-rGO-700复合薄膜中的孔结构多，也更有利于电极材料比容量的引出。

为了更好地分析形成这种分级多孔结构的机理，本实验也表征了纯S-rGO薄膜和Co_9S_8@S-rGO-800复合薄膜的TEM形貌结构，结果如图7-16所示。图7-16(a)的左侧是在分级多孔电极结构中电解液离子的传输通道示意图，这种三维分级多孔的结构有利于缩短离子扩散路径、提高离子传输效率、增强电极材料与电解液的浸润性。图7-16(b)是S-rGO薄膜的TEM形貌图，由图可知，单一S-rGO薄膜经800℃退火后没有分级多孔结构；而含有Co_9S_8纳米颗粒的Co_9S_8@S-rGO-800复合薄膜的TEM图中可以明显观察到大量分级多孔结构，如图7-16(c)所示。因此，由单一S-rGO与Co_9S_8@S-rGO-800复合薄膜的形貌对比发现，在后处理过程中，生成的Co_9S_8纳米颗粒同时起到催化作用，可以有效降低S-rGO结构中碳与硫原子的结合能力，同时也有助于硫原子与石墨烯结构上的氢、氧原子发生反应生成与硫相关的气体(如SO_2、H_2S)，导致Co_9S_8@S-rGO-800复合材料中S-rGO薄膜的碳链被破坏而在宏观形貌上表现出明显的分级多孔状结构[168]。Co_9S_8@S-rGO-800复合薄膜形成分级多孔结构的机理如图7-16(a)的右侧所示。图7-16(d)是Co_9S_8@S-rGO-800复合薄膜的局部放大图，由图可以清晰地观察到分级多孔的结构和尺寸约为200 nm的Co_9S_8纳米颗粒。图7-16(e)是Co_9S_8@S-rGO-800复合薄膜的选区晶格衍射图，由图可知，分散在S-rGO表面或

第七章　Co₉S₈@S–rGO 分级多孔复合薄膜制备及其储能特性研究

层间的 Co₉S₈ 纳米颗粒具有较好的结晶型，其衍射环对应的晶面（440）、（511）、（311）与 Co₉S₈ 的 XRD 图谱的数据一致。此外，本实验还对 Co₉S₈@S–rGO–800 复合薄膜进行了高倍透射电镜的形貌表征，其结果如图 7–16（e）中的插图所示。图中可以明显观察到清晰的晶格条纹，并且 0.299 nm 的晶

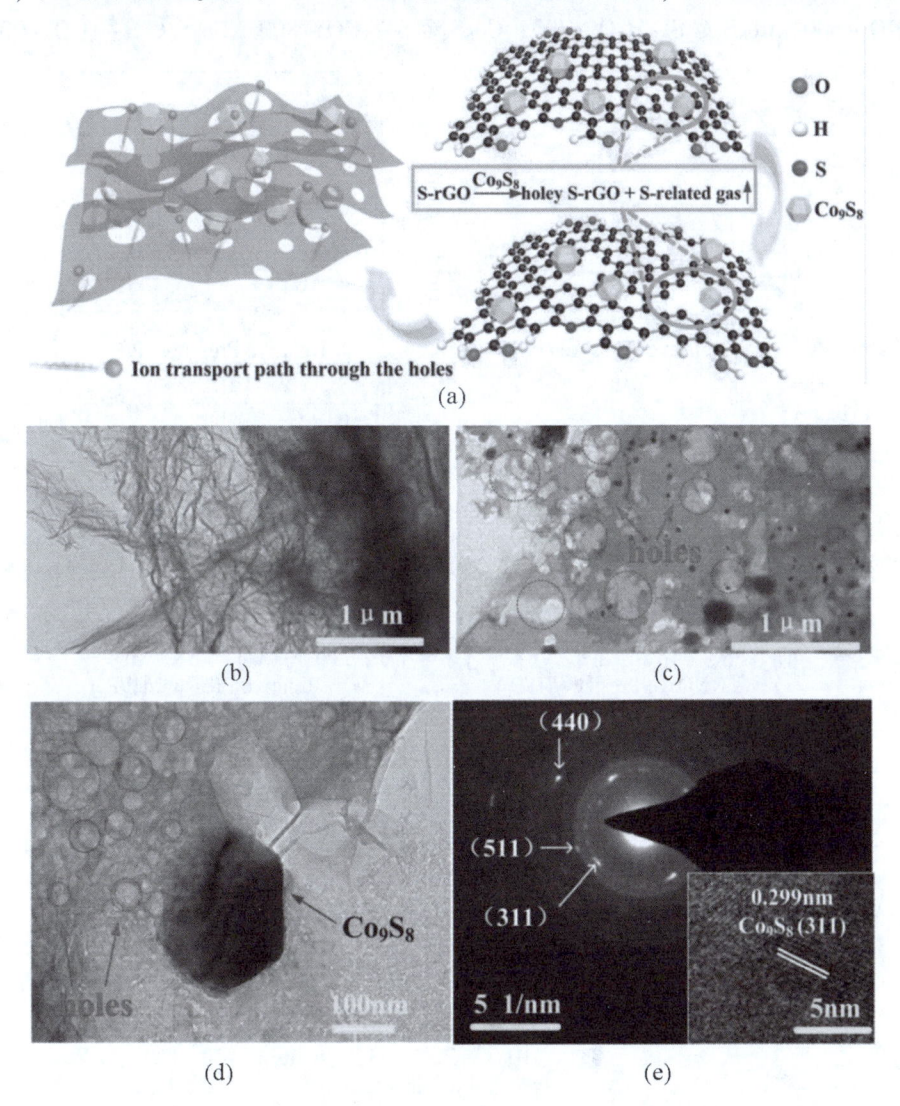

图 7–16　分级多孔结构形成机理和样品的 TEM 形貌表征图

(a) 分级多孔 Co₉S₈@S–rGO–800 复合薄膜形成机理

(b) S–rGO　(c)、(d) Co₉S₈@S–rGO–800　(e) Co₉S₈@S–rGO–800 的晶格衍射图；插图是其高倍 TEM 图

格间距对应于 Co_9S_8 纳米颗粒的(311)晶面[59]。以上对所制备样品的形貌表征和结构分析结果,证明了已成功制备 Co_9S_8@S–rGO–800 分级多孔复合薄膜。

电极材料的比表面积和孔径分布情况对其电化学性能也有重要的影响,因此本实验通过 77K 下的氮气吸/脱附等温曲线及其孔径分布图对 Co_9S_8@S–rGO–600、Co_9S_8@S–rGO–700、Co_9S_8@S–rGO–800、Co_9S_8@S–rGO–900

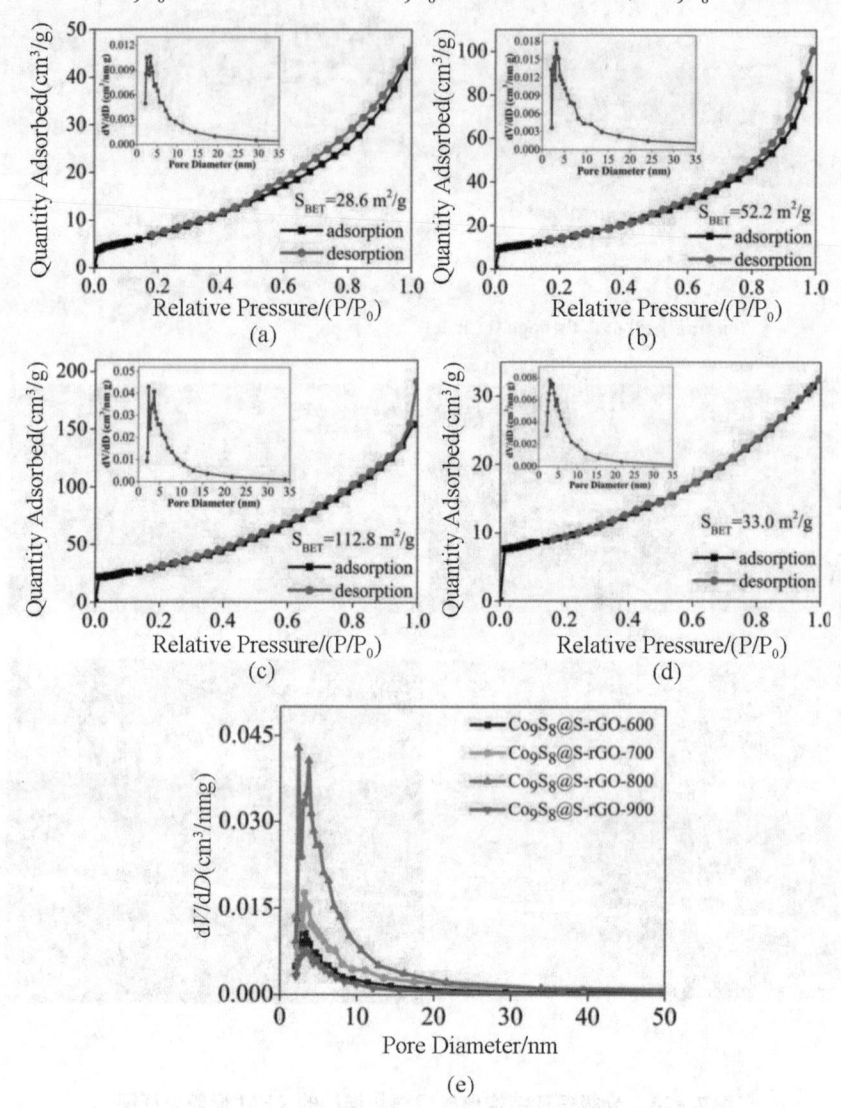

图 7–17 制备 Co_9S_8@S–rGO 复合薄膜样品的氮气吸/脱附等温曲线及孔径分布图

(a) Co_9S_8@S–rGO–600 (b) Co_9S_8@S–rGO–700

(c) Co_9S_8@S–rGO–800 (d) Co_9S_8@S–rGO–900 (e) 各样品孔径分布对比图

第七章　Co_9S_8@S-rGO 分级多孔复合薄膜制备及其储能特性研究

复合薄膜样品的孔结构进行了表征，结果如图 7-17 所示。由图显示，四组 Co_9S_8@S-rGO 复合薄膜样品的氮气吸/脱附等温曲线均表现出典型的 IV 型等温线，并且等温曲线在 0.5~1.0 P/P_0 压强范围内出现 H3 型的介孔回滞环，表明复合薄膜样品中均存在介孔结构。本实验在 Brunauer、Emmett 和 Teller 三人推导出的多分子层吸附公式基础上，利用 BET 理论计算得出 Co_9S_8@S-rGO-600、Co_9S_8@S-rGO-700、Co_9S_8@S-rGO-800、Co_9S_8@S-rGO-900 各样品的比表面积分别为 28.6 m^2/g、52.2 m^2/g、112.8 m^2/g 和 33.0 m^2/g。此外，还采用 BJH 模型(Barrett-Joiner-Halenda)对样品的孔径分布进行了对比分析，结果如图 7-17(e)所示。由图可知，所有样品的孔径均主要分布于 2-50 nm 范围内，这也进一步验证了各样品均形成了介孔结构。当后处理温度由 600 ℃、700 ℃ 升到 800 ℃ 时对应样品的介孔分布峰增大、比表面积也在增加，这表明在一定温度范围内，后处理温度越高越有利于形成多孔的形貌结构以增大比表面积，并且复合薄膜中的孔径结构的尺寸也会随之增大。但当后处理温度升至 900 ℃ 时，由于部分 S-rGO 薄膜被高温碳化(如图 7-14(d)所示)，使得复合薄膜中的多孔结构因坍塌而导致介孔分布峰减小、材料的比表面积降低。而样品中的多孔结构主要来源于产物中 S-rGO 纳米片堆叠形成的狭缝孔、以及在后处理过程中 Co_9S_8 纳米颗粒的催化作用，促使 S-rGO 薄膜中的硫原子与氢或氧原子发生反应，生成的气体破坏了碳环结构而在宏观形貌上表现出多孔结构，并且气体从产物中逸出的过程也有助于产生疏松的结构。因此，具有较高比表面积的 Co_9S_8@S-rGO-800 分级多孔复合薄膜不仅能提高电极与电解液的接触面积、增加电化学活性位点，还可以促进电解液离子的传输速率、缩短离子传输距离，使之成为制备高性能柔性超级电容器电极材料的最佳选择之一。

为了进一步证实各产物中 S-rGO 纳米片和 Co_9S_8 纳米颗粒的存在，利用 XRD 光谱分析表征了 S-rGO、Co_9S_8@S-rGO-600、Co_9S_8@S-rGO-700、Co_9S_8@S-rGO-800、和 Co_9S_8@S-rGO-900 复合薄膜的晶体结构，结果如图 7-18 所示。由图可知，在 S-rGO 的 XRD 谱图的 $2\theta = 26°$ 处有一个明显的衍射峰对应于石墨烯的(002)晶面，并且在 $2\theta = 10.8°$ 处没有氧化石墨烯的特征峰，这说明氧化石墨烯结构上的含氧官能团已被去掉。并且通过对比发现，其他四组 Co_9S_8@S-rGO 复合薄膜的 XRD 光谱在 $2\theta = 26°$ 处的衍射峰强度相对较弱，这可能是因为 Co_9S_8 纳米颗粒分散在 S-rGO 纳米片的片层间缓解了 S-rGO 纳米片的团聚现象，并且 Co_9S_8 纳米颗粒的特征衍射峰强度比石墨烯的特征衍射峰更强，致使石墨烯的特征峰在复合薄膜的 XRD 图谱中不易被观察到[169-170]。此外，从 XRD 对比图中也可以明显观察到，这 4 组 Co_9S_8@S-rGO 复合薄膜样品虽然是经过不同的后处理温度得到的，但是图中都出现了衍射角 2θ = 15.5°、29.8°、31.2°、39.6°、47.6°、52.1°、61.2°、76.8°，并与 (111)、(311)、(222)、(331)、(511)、(440)、(533)、(800) 晶面一一对应，而且这 4 组样品的衍射峰均与 Co_9S_8 材料的标准 PDF 卡片 No.86-2273 中的标准数据保持一致。随着后处理温度的升高，衍射角 2θ = 29.8°和 52.1°处的衍射峰强度明显增强，表明复合薄膜中的 Co_9S_8 纳米颗粒在增多。因此，XRD 谱图的分析结果再次证明了复合薄膜中 S-rGO 纳米片和 Co_9S_8 纳米颗粒的存在。

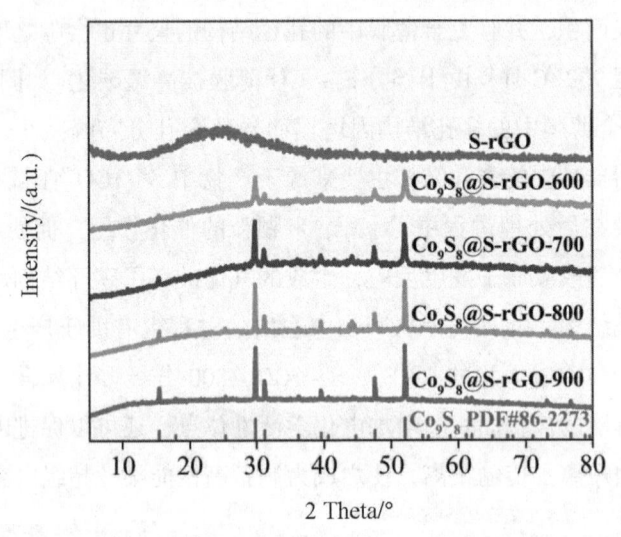

图 7-18 S-rGO 和 Co_9S_8@S-rGO 复合薄膜样品的 XRD 谱图

利用拉曼光谱对 S-rGO、Co_9S_8@S-rGO-600、Co_9S_8@S-rGO-700、Co_9S_8@S-rGO-800、和 Co_9S_8@S-rGO-900 复合薄膜样品的结构信息和表面缺陷进行分析评估，如图 7-19 所示。所有样品在 1 358 cm^{-1} 和 1 591 cm^{-1} 处表现的较强的峰分别归属于石墨烯材料的 D 峰和 G 峰，其中 D 峰是由石墨烯纳米片上的缺陷(A_{1g} 振动模式)引起的，而 G 峰是由 sp^2 杂化碳原子伸缩振动(E_{2g} 振动模式)引起的，因此拉曼光谱图中 D 峰和 G 峰的强度比值(I_D/I_G)可以用来评估石墨烯复合材料中富含的缺陷程度[166]。由图可以计算出S-rGO、Co_9S_8@S-rGO-600、Co_9S_8@S-rGO-700、Co_9S_8@S-rGO-800、和Co_9S_8@S-rGO-900的I_D/I_G值分别是0.98、1.01、1.03、1.11、和1.18，计算结果显示：和单一S-rGO薄膜的峰值强度相比，随着后处理温度的升高，4组Co_9S_8@S-rGO复合薄膜的I_D/I_G值在增大，表明在热处理过程中，适当的高温有助于诱导碳材料中表面缺陷的产生。这可能是因为在Co_9S_8@S-rGO复合薄膜制备过程中，Co_9S_8纳米颗粒的催化作用有助于硫掺杂石墨烯中的硫原子和碳骨架上的氢、氧原子发生反应，生产与硫相关的气体（比如SO_2、H_2S），逸出的气体有利于降低产物的堆叠效应、形成疏松结构，同时碳环结构被破坏也可以形成更多的电化学活性位点，并在宏观形貌上表现出分级多孔结构[168,171-172]，这也和前文中的SEM形貌表征结果保持一致。

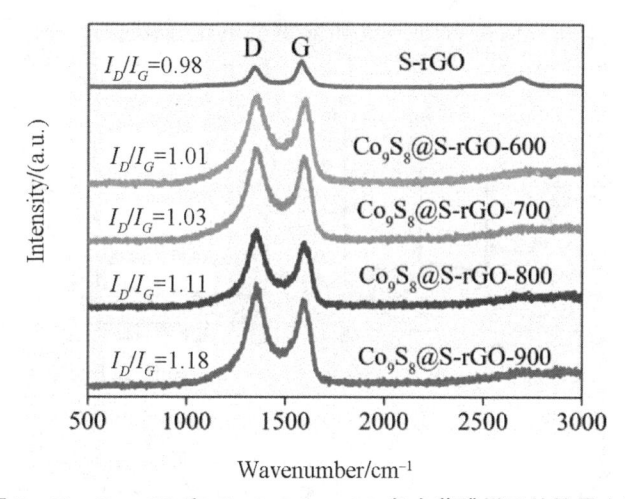

图7-19 S-rGO和Co_9S_8@S-rGO复合薄膜样品的拉曼光谱

同时也对S-rGO薄膜和Co_9S_8@S-rGO-800复合薄膜样品的表面化学状态进行了详细表征，结果如图7-20所示。其中，图7-20(a)是Co_9S_8@S-rGO-800复合薄膜样品的XPS全谱图，由图可以明显的观察到在783.3 eV、532.8 eV、284.6 eV和169.9 eV处分别对应的Co2p、O1s、C1s、和S2p峰，而O1s峰来自S-rGO纳米片上剩余的含氧官能团或其表面吸附的氧原子。图7-20(b)是Co_9S_8@S-rGO-800复合薄膜样品的C1s高分辨XPS光谱图，它可以分解成4个峰分别为：石墨烯中典型的Sp^2C—C峰(284.6 eV)、C=O/O—C—O峰(286.8 eV)、π-π*峰(288.9 eV)及S-rGO纳米片中的C—S—

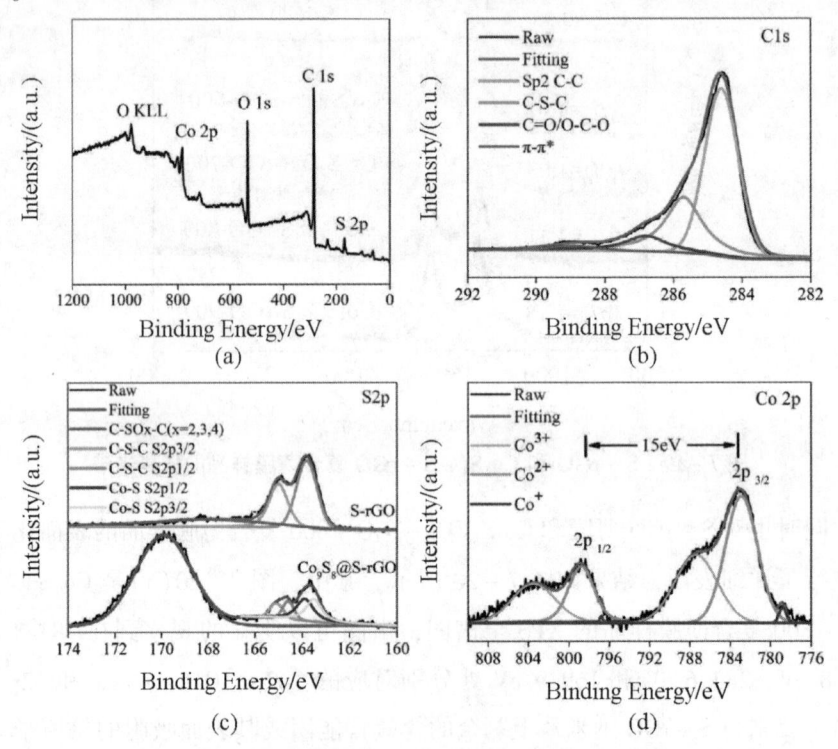

C 峰(285.7 eV)，表明了所制备的产物中 S-rGO 纳米片的存在。图 7-20(c) 是 S-rGO 薄膜和 Co$_9$S$_8$@S-rGO-800 复合薄膜样品中 S2p 高分辨 XPS 光谱对比图，由图可知 S-rGO 纳米片中 C—S—C 峰(S2p1/2 163.8 eV)、C—S—C 峰(S2p3/2 165.0 eV)和 C—SO$_x$—C 峰(x=2,3,4)(167.8 eV)的存在[172]。而 Co$_9$S$_8$@S-rGO-800 复合薄膜的 S2p 峰可以分解为 5 个峰：C—S—C(S2p1/2)、C—S—C(S2p3/2)、C—SO$_x$—C(x=2,3,4)、Co-S(S2p1/2)、和 Co-S(S2p3/2)处的，其结合能分别为 164.6 eV、165.1 eV、169.9 eV、163.9 eV 和 163.5 eV[173]。与 S-rGO 薄膜在 C—S—C(S2p1/2)及 C—S—C(S2p3/2)处的峰位相比，Co$_9$S$_8$@S-rGO-800 复合薄膜在 C—S—C(S2p1/2、S2p3/2)处的峰位明显偏向更高的结合能区域，表明了在复合薄膜中 S-rGO 纳米片与 Co$_9$S$_8$ 纳米颗粒间具有较强的电子耦合作用[60,174]。此外，S-rGO 中掺杂的 S 原子与 Co$_9$S$_8$ 中的 S 原子在界面接触处形成部分重叠的电子云，这些电子云提供的独

图 7-20 Co$_9$S$_8$@S-rGO-800 复合薄膜样品的 XPS 图

(a) 全谱 (b) C1s 高分辨 XPS 光谱图 (c) S2p 高分辨 XPS 光谱图，其中 S-rGO 薄膜样品的 S2p 高分辨 XPS 光谱图作为对照组 (d) Co2p 高分辨 XPS 光谱图

特的协同耦合效应有助于增强 S-rGO 与 Co$_9$S$_8$ 界面间结构的稳定性，进而为制备高循环寿命的复合电极材料奠定了基础[175]。图7-20(d)是 Co$_9$S$_8$@S-rGO-800 复合薄膜样品中 Co2p 的高分辨 XPS 光谱图，如图显示在 Co2p3/2 和 Co2p1/2 峰处对应的结合能分别为 783.2 eV 和 798.2 eV，并且两峰的结合能相差 15 eV。此外，这两处的主峰又可以分别裂解为三个分峰，即表明 Co$_9$S$_8$ 中的钴离子存在三种化学态：Co^{3+}(2p3/2, 787.5 eV; 2p1/2, 803.5 eV)、Co^{2+}(2p3/2, 783.0 eV; 2p1/2, 798.8 eV)和 Co^{+}(2p3/2, 778.7 eV; 2p1/2, 796.8 eV)。这和已报道文献中 Co$_9$S$_8$ 材料的 XPS 分析结果相一致[56,69,176]。

7.4.3　电极材料的制备及其电化学性能测试

　　Co$_9$S$_8$@S-rGO-600 复合薄膜、Co$_9$S$_8$@S-rGO-700 复合薄膜、Co$_9$S$_8$@S-rGO-800 复合薄膜和 Co$_9$S$_8$@S-rGO-900 复合薄膜电极材料的制备方案和电化学测试参数设置如第 7.2.3 节所示。

　　图7-21 是 Co$_9$S$_8$@S-rGO 复合电极材料的循环伏安特性对比图。其中，图7-21(a)、(b)、(c)和(d)分别是 Co$_9$S$_8$@S-rGO-600、Co$_9$S$_8$@S-rGO-700、Co$_9$S$_8$@S-rGO-800 和 Co$_9$S$_8$@S-rGO-900 复合电极在不同扫描速率(10 mV/s、30 mV/s、50 mV/s、70 mV/s、100 mV/s 和 200 mV/s)下的 CV 曲线图，电压范围设置为 -0.6~0.3 V。由这 4 组样品的 CV 图可以明显观察到，每个 CV 曲线都具有典型的氧化峰/还原峰，表明 Co$_9$S$_8$ 作为活性材料是以赝电容反应的储能方式为复合薄膜电极贡献容量的，其氧化还原反应过程如公式(7-1)所示。并且这些 CV 曲线都具有较好的对称性，说明了 Co$_9$S$_8$@S-rGO 复合电极均表现出了高度可逆的电化学反应过程。随着扫描速率由 10 mV/s 逐渐增大到 200 mV/s 时，CV 曲线的氧化峰/还原峰的峰值电流也在不断增加，同时氧化峰的峰位置开始向高电位区有少许偏移，而还原峰的峰位置开始向低电位区有少许偏移。这是因为当施加较高的扫描速率时，电极材料的电化学反应速率增大，此时电极材料内部有一部分离子来不及发生氧化还原反应，导致其材料内部的扩散阻抗增加，氧化峰/还原峰的位置发生较小的偏移[177]。同时制备的 Co$_9$S$_8$@S-rGO 复合薄膜均具有分级多孔结构(如上述 TEM、BET 分析结果所示)，这些多孔结构可以提高电解液离子可利用的比表面积、缩短离子扩散路径、促进电解液离子的传输速率。因此这 4 组样品的 CV 曲线即使在

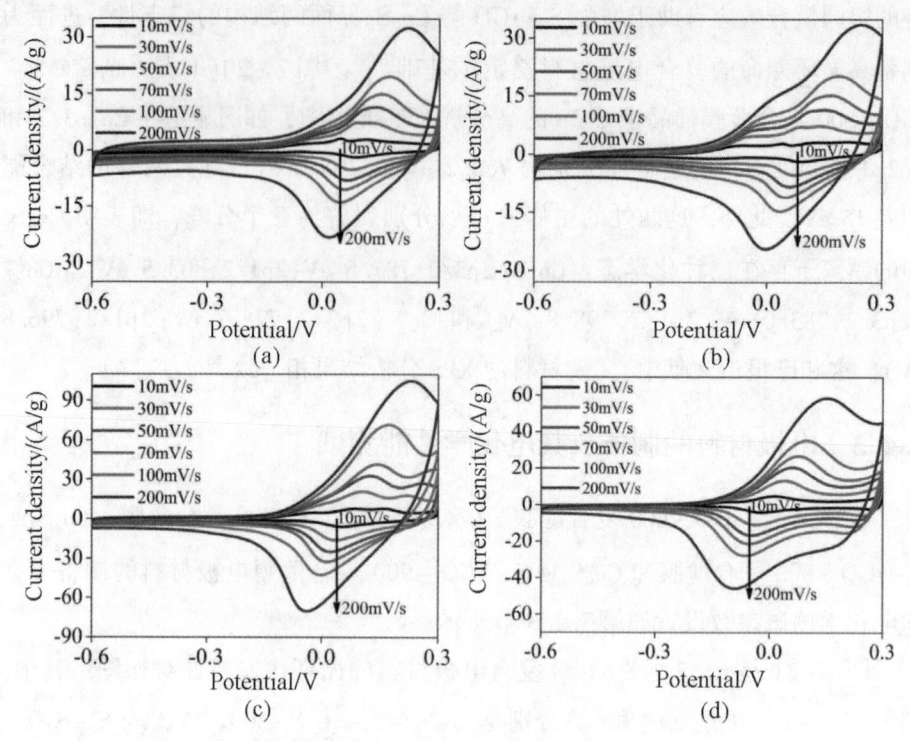

图 7-21 Co$_9$S$_8$@S-rGO 复合电极在不同扫描速率下的 CV 图

(a) Co$_9$S$_8$@S-rGO-600 (b) Co$_9$S$_8$@S-rGO-700

(c) Co$_9$S$_8$@S-rGO-800 (d) Co$_9$S$_8$@S-rGO-900

高扫描速率下其形状仍然没有发生明显的畸变,也表明了本实验所制备的 Co$_9$S$_8$@S-rGO 样品均具有较好的倍率特性。

图 7-22 是 4 组 Co$_9$S$_8$@S-rGO 复合薄膜样品循环伏安特性和电化学交流阻抗性能对比图。其中,图 7-22(a) 是 Co$_9$S$_8$@S-rGO-600、Co$_9$S$_8$@S-rGO-700、Co$_9$S$_8$@S-rGO-800 和 Co$_9$S$_8$@S-rGO-900 复合电极在扫描速率为 100 mV/s 时的 CV 对比图。由图可知在相同扫描速率下,和其他 3 组样品相比,Co$_9$S$_8$@S-rGO-800 复合电极显示出最高的氧化峰的峰值电流密度约为 70 A/g,而 Co$_9$S$_8$@S-rGO-600、Co$_9$S$_8$@S-rGO-700 和 Co$_9$S$_8$@S-rGO-900 的峰值电流密度分别约为 18 A/g、20 A/g 和 38 A/g。并且 Co$_9$S$_8$@S-rGO-800 复合电极的 CV 曲线所包围的面积也是最大的,表明这 4 组样品在电化学反应中 Co$_9$S$_8$@S-rGO-800 复合薄膜具有最高的比容量。这主要是因为经过不同的退火温度处理后,利用 BET 理论可以计算出具有分级多孔结构的 Co$_9$S$_8$@S-rGO-

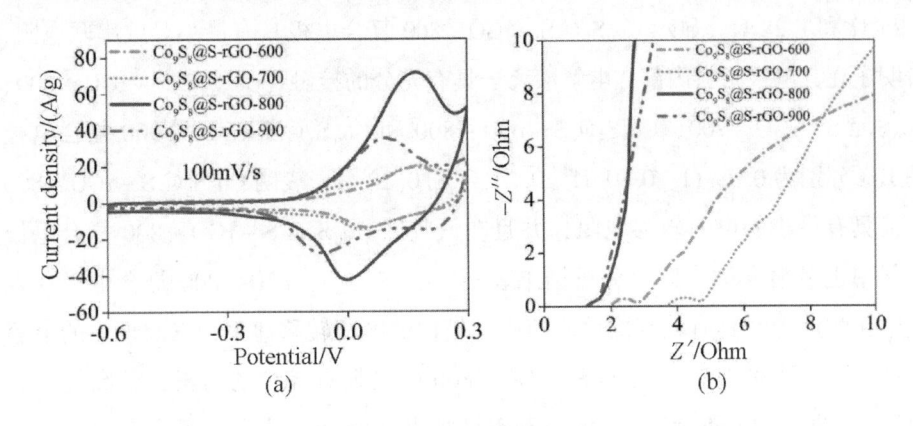

第七章 Co₉S₈@S-rGO 分级多孔复合薄膜制备及其储能特性研究

图 7-22 Co₉S₈@S-rGO 复合薄膜样品电化学性能对比图

(a) 扫描速率为 100 mV/s 时的 CV 对比图 (b) EIS 性能对比图

800 薄膜材料拥有最大的比表面积（112.8 m²/g），而 Co₉S₈@S-rGO-600、Co₉S₈@S-rGO-700 和 Co₉S₈@S-rGO-900 薄膜样品的比表面积分别为 28.6、52.2 和 33.0 m²/g。Co₉S₈@S-rGO-800 复合薄膜较高的比表面积不仅可以为 Co₉S₈ 纳米颗粒的生长提供丰富的附着位点，同时也有助于增加电极材料与电解液离子间的参与反应的活性位点。并且 Co₉S₈@S-rGO-800 复合薄膜中分级多孔的结构有利于缩短电解液离子在电极材料中的扩散距离，增强电极材料与电解液的浸润性。因此，在这 4 组电极材料的循环伏安测试对比中，Co₉S₈@S-rGO-800 薄膜材料表现出最好的电化学储能特性。

为了进一步探究 Co₉S₈@S-rGO-600、Co₉S₈@S-rGO-700、Co₉S₈@S-rGO-800 和 Co₉S₈@S-rGO-900 复合薄膜电极在电化学反应过程中的界面接触行为，在 0.01 Hz 到 100 kHz 频率测试范围内对它们的电化学交流阻抗特性（EIS）进行了对比分析，其结果如图 7-22（b）所示。由图可知这 4 组样品的 EIS 图都具有类似形状，它们都是由高频区的半圆弧和低频区的斜线组成。其中，EIS 曲线在高频区与实轴的截距是电化学测试体系的等效串联电阻（Rs），它是电极材料内部的本征电阻、电解质的欧姆电阻、及电极材料和电解质的接触电阻之和；高频区半圆的直径表征了在电极材料与电解质界面处发生法拉第反应时的电荷转移电阻（Rct），电荷转移电阻越小表示电极材料越容易发生电化学反应；而低频区斜线的斜率越大表示电极材料的电容特性越好[55]。对比 4 组样品的 EIS 图可以发现，Co₉S₈@S-rGO-600、Co₉S₈@S-rGO-700、Co₉S₈@S-rGO-800 和 Co₉S₈@S-rGO-900 复合电极的 Rs 分别为 2 Ω、1.94 Ω、

1.25 Ω 和 1.28 Ω，显示 Co_9S_8@S–rGO–800 复合电极具有最小等效串联电阻，表明了在其电极材料内部与电解液离子具有充分的接触。Co_9S_8@S–rGO–600、Co_9S_8@S–rGO–700、Co_9S_8@S–rGO–800 和 Co_9S_8@S–rGO–900 复合电极的 Rct 分别为 0.79 Ω、0.91 Ω、0.21 Ω 和 0.22 Ω，表明 Co_9S_8@S–rGO–800 电极具有最小的电荷转移电阻，并且在低频区 Co_9S_8@S–rGO–800 复合电极的斜率也是最大的。以上分析结果表明：Co_9S_8@S–rGO–800 复合电极在发生电化学反应时具有较高的反应速率、较快的电荷转移速率，以及理想的电容特性。这主要是因为 Co_9S_8@S–rGO–800 薄膜拥有较少的团聚、最高的比表面积（如图 7–17 所示），不仅有利于增加电化学活性位点，还为电化学反应过程提供了丰富的三维导电通道，进而降低了体系的接触电阻、提高了电化学反应效率，并最终获得具有高比容特性的 Co_9S_8@S–rGO–800 复合薄膜电极材料[148,178]。

图 7–23(a)、(b)、(c) 和 (d) 分别是 Co_9S_8@S–rGO–600、Co_9S_8@S–rGO–700、Co_9S_8@S–rGO–800 和 Co_9S_8@S–rGO–900 复合电极在不同电流密度下（1 A/g、1.5 A/g、2 A/g、2.5 A/g、3 A/g、4 A/g 和 5 A/g）的 GCD 图，电压范围设置为 –0.6 V ~ 0.3 V。由图可知 4 组复合电极的充电曲线和放电曲线具有对称性和非线性，表明所制备的电极材料都具有较高的库伦效率及明显的赝电容特性，这也和上述 CV 曲线中出现的氧化还原峰表征结果相一致。当恒流充放电的电流密度由 1 A/g 增大至 5 A/g 时，各电极样品的 GCD 曲线中均表现出放电时间减少、比容量降低的特性。这主要是因为当施加较大的工作电流时，充电时间变短，具有多孔结构的电极材料阻抗增大，并且在电极材料体相或界面处，与电解液离子来不及发生充分的氧化还原反应或吸附/脱附，降低了电极材料有效的利用率，进而使得在大电流密度测试时电极储存的电荷减少、比容量降低。

图 7–23(e) 是 4 组 Co_9S_8@S–rGO 复合电极在电流密度为 1 A/g 时的恒流充放电特性对比图，由图可知在相同的电流密度下，所有电极样品的 GCD 曲线具有类似的形状；但放电时间有明显的差异。其中 Co_9S_8@S–rGO–800 复合电极的放电时间最长为 230.1 s，而 Co_9S_8@S–rGO–900、Co_9S_8@S–rGO–700 和 Co_9S_8@S–rGO–600 复合电极的放电时间分别为 117.6 s、81.8 s 和 74.6 s。因此，根据 GCD 曲线计算出当电流密度为 1 A/g 时，Co_9S_8@S–

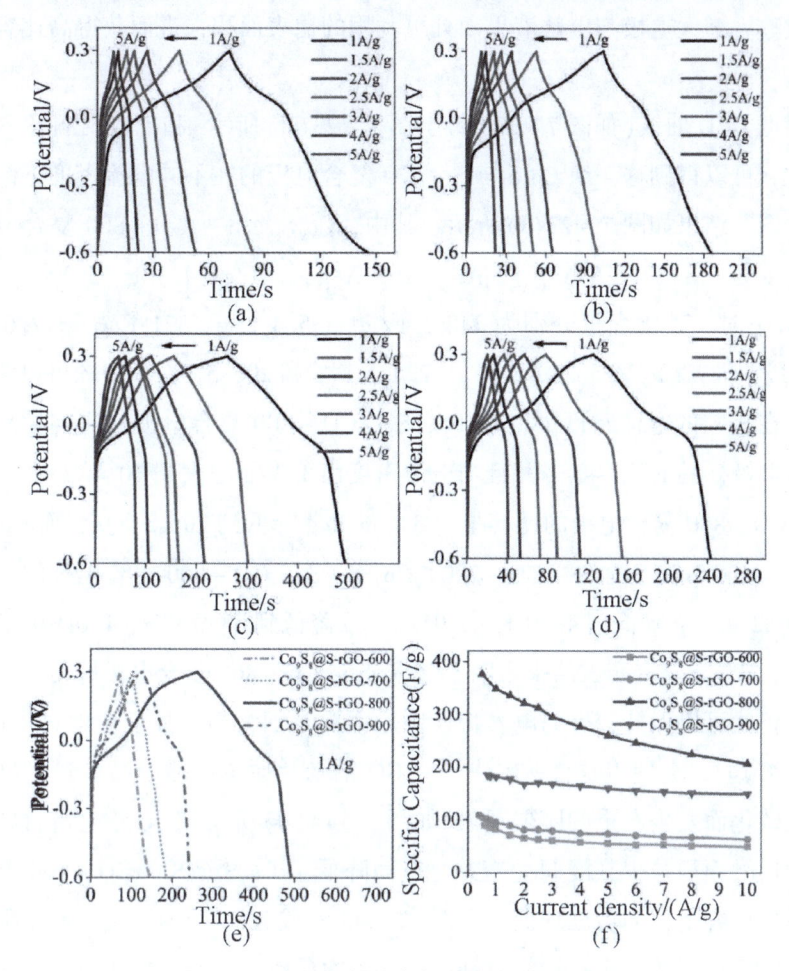

第七章 Co$_9$S$_8$@S-rGO 分级多孔复合薄膜制备及其储能特性研究

图 7-23 电极材料的电化学性能对比分析图

(a) Co$_9$S$_8$@S-rGO-600 在不同电流密度下的 GCD 图 (b) Co$_9$S$_8$@S-rGO-700 在不同电流密度下的 GCD 图 (c) Co$_9$S$_8$@S-rGO-800 在不同电流密度下的 GCD 图
(d) Co$_9$S$_8$@S-rGO-900 在不同电流密度下的 GCD 图。4 组 Co$_9$S$_8$@S-rGO 复合薄膜样品性能对比：(e) 电流密度为 1 A/g 时的 GCD 对比图
(f) 施加不同电流密度时得到的比容量对比图

rGO-600、Co$_9$S$_8$@S-rGO-700、Co$_9$S$_8$@S-rGO-800 和 Co$_9$S$_8$@S-rGO-900 复合电极的比容量分别为 82.2 F/g、95.6 F/g、348.5 F/g 和 180.9 F/g，显示 Co$_9$S$_8$@S-rGO-800 复合电极的比容量最大，它分别是 Co$_9$S$_8$@S-rGO-600、Co$_9$S$_8$@S-rGO-700 和 Co$_9$S$_8$@S-rGO-900 复合电极比容量的 4.2、3.6 和 1.9 倍，这也证明了制备电极材料时适当的后处理温度，有助于增强电化学

反应效率、增大电极与电解液界面处可利用的比表面积,进而获得高比容电极材料。

根据GCD曲线(如图7-23(a)至图7-23(d)所示)和电极材料比容量计算公式,可以得到这4组Co_9S_8@S-rGO复合电极的在不同电流密度下的比容量对比图,结果如图7-23(f)所示。其中,Co_9S_8@S-rGO-800复合电极在电流密度为1 A/g、1.5 A/g、2 A/g、2.5 A/g、3 A/g、4 A/g、5 A/g、8 A/g和10 A/g时,其比容量分别为348.5 F/g、335.4 F/g、321 F/g、312.6 F/g、295.2 F/g、277.1 F/g、260.8 F/g、224.5 F/g和206.5 F/g。由图可以明显观察到,在相同的电流密度下,Co_9S_8@S-rGO-800复合电极的比容量高于其他3组电极样品的比容量。并且当电流密度由1 A/g增大到10 A/g时,Co_9S_8@S-rGO-800复合电极的比容量由348.5 F/g降低到206.5 F/g,而Co_9S_8@S-rGO-600、Co_9S_8@S-rGO-700、Co_9S_8@S-rGO-900复合电极的比容量分别由82.2 F/g降低到49.9 F/g、95.6 F/g降低到63.9 F/g、180.9 F/g降低到149.5 F/g,以上测试结果表明Co_9S_8@S-rGO-800复合电极即使在大电流密度下仍然可以保持较好的电容特性。这主要是因为当后处理温度过高(如达到900 ℃)时,会使得复合材料中S-rGO纳米片原本的褶皱结构遭到破坏甚至因被碳化而发生严重的团聚现象(如图7-14(d)所示),导致电极材料与电解液的接触面积减少、浸润性变差,进而降低了Co_9S_8@S-rGO-900复合电极材料的比容量;当后处理温度太低(如600 ℃或700 ℃)时,无法有效促进疏松多孔电极材料的产生,产物可利用的比表面积较小、参与氧化还原反应的活性位点不足,最终导致Co_9S_8@S-rGO-600、Co_9S_8@S-rGO-700复合电极的储能特性较差。而经过800 ℃退火处理后得到的Co_9S_8@S-rGO-800复合薄膜具有最高的比表面,Co_9S_8纳米颗粒均匀分散在S-rGO纳米片表面或层间,既缓解了纳米片的堆叠效应,又在电化学反应过程中引入了更多的赝电容活性位点[168];同时分级多孔的S-rGO纳米片作为复合材料中相互连通的网络骨架不仅可以缩短电解液离子的扩散距离、提高电化学反应速率,还可以为反应提供丰富的导电通道,这些优点使得Co_9S_8@S-rGO-800复合电极表现出优异的电化学性能[179-181]。

图7-24是Co_9S_8@S-rGO-800复合电极经过5 000次的循环测试图,实验设定的电流密度为1 A/g,电压窗口为-0.6~0.3 V。由图可知,在前期的

循环测试过程中电极比容量的保持率会有所升高，这可能是由于刚开始施加的电流可以活化电极材料、增强材料内部多孔结构与电解液离子间的浸润性，进而提高了电极材料的电化学反应效率、有助于其比容量的引出。但随着循环次数的不断增加容量保持率开始缓慢下降，但经过 5 000 次循环测试后保持率仍然高达 92.6%。插图是电解液离子在分级多孔电极材料内部的传输路径示意图。虽然经过长时间的循环测试，电极材料会发生微观结构坍塌（如 Co_9S_8 纳米颗粒因不断地发生氧化还原反应而导致的体积膨胀、部分微孔结构被堵塞）或有一部分不可逆的氧化还原反应的现象，但仍然具有优异的电化学稳定性，这主要是因为：相互连通的 S–rGO 纳米片作为复合电极的导电骨架不仅有利于促进氧化还原反应时电荷的快速移动，而且其分级多孔结构还可以提高电解液离子在多孔材料内部的传输效率。同时，褶皱状的 S–rGO 具有丰富的比表面积可以把 Co_9S_8 纳米颗粒包覆其中，以有效缓解循环测试过程中纳米颗粒体积的伸缩变化，进而提高复合电极的循环寿命。

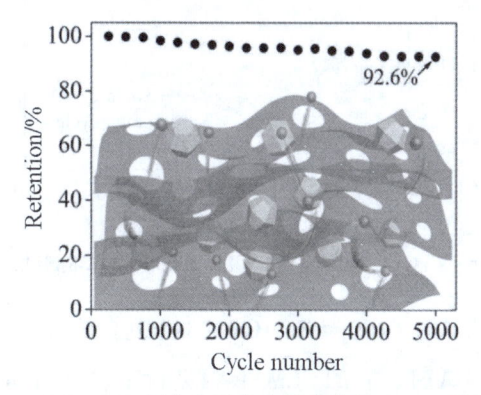

图 7–24　Co_9S_8@S–rGO–800 复合电极在电流密度为 1 A/g 时的循环稳定性测试图
插图是电解液离子在分级多孔电极材料内部的传输路径示意图

为了进一步探究 Co_9S_8@S–rGO–800 复合电极经过 5 000 次循环测试后其电化学性能下降的原因，本实验在 0.01 Hz 到 100 kHz 频率测试范围内对复合电极在循环稳定测试前、后的电化学交流阻抗特性进行了对比分析，结果如图 7–25 所示。循环测试前、后的 EIS 曲线均由高频区的半圆弧和低频区的斜线两部分组成。其中，EIS 曲线在高频区与实轴的截距是电化学测试体系的等效串联电阻(Rs)，高频区半圆的直径表征了在电极材料与电解质界面处发生法拉第反应时的电荷转移电阻(Rct)，电荷转移电阻越小表示电极材料越容易发生电化学反应；而低频区斜线的斜率越大表示电极材料的电容特性越好。由图可知：在高频区，循环测试前、后 Co_9S_8@S－rGO－800 复合电极的 Rs 分别为 1.25 Ω 和 1.32 Ω，它们的 Rct 分别为 0.21 Ω 和 2.9 Ω；而在低频区，经过 5 000 次循环测试后的 EIS 图形中斜线的斜率略有减小，以上测试结果表明 Co_9S_8@S－rGO－800 复合电极经过 5 000 次循环测试后，电极材料内部的电荷转移电阻明显增大、且电容特性相对变差。这可能是因为由电化学反应方程式 (7－1) 可知，Co_9S_8 纳米颗粒作为复合电极中的赝电容材料在发生氧化还原反应的过程中，会有导电性稍差的氧化物作为中间产物包覆在 Co_9S_8 表面，并且在长时间的电化学循环反应中，越来越多的包覆物会降低氧化还原反应中电子的传输效率、增大电极材料内部的电荷转移内阻，进而降低其电化学性能。

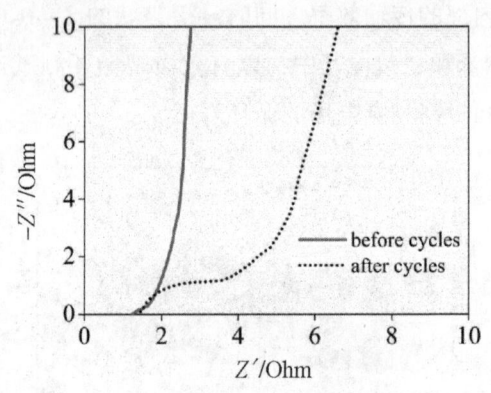

图 7－25 Co_9S_8@S－rGO－800 复合电极经 5 000 次循环测试前后的 EIS 对比图

为了探究循环测试对 Co_9S_8@S－rGO－800 复合电极材料表面形貌的影响，还对复合电极循环测试前、后的 SEM 形貌进行了对比分析，结果如图 7－26 所示。其中，图 7－26(a) 是在循环测试前的 SEM 形貌图，显示 Co_9S_8 纳米颗粒的表面较为光滑，且均匀分散在 S－rGO 纳米片的表面或层间。图 7－26(b) 是经过 5 000 次循环测试后的 SEM 形貌图，由图可知经过长时间的循环测试后，纳米颗粒的表面由光滑状态变为由许多纳米片聚集的形貌，但这些纳米片仍然是以 Co_9S_8 纳米颗粒为核心分布在其表面，并且没有明显的纳米碎片散落在 S－rGO 片层上，也说明了在循环测试过程中这些表面的纳米片与其核心是紧密接触的。此外，分级多孔的 S－rGO 纳米片作为具有高比表面积的三维导电骨架，不仅可以缩短电解液离子的扩散距离、提高离子/电子的传输效率，还可以缓解 Co_9S_8 纳米颗粒形貌变化带来应力效应、同时提供丰富的三维导电通道。因此，Co_9S_8@S-rGO-800 复合电极材料经过 5 000 次循环测试后，虽然电极材料的形貌有明显改变，但仍然具有较好的电化学稳定性。

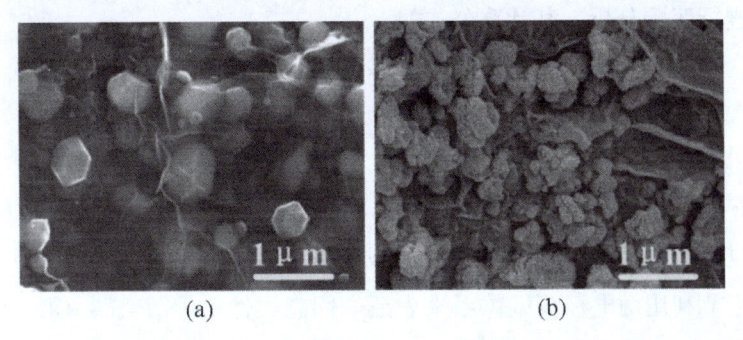

图 7-26　Co_9S_8@S-rGO-800 复合电极经 5 000 次循环后的 SEM 形貌表征图
(a) 循环测试前　(b) 循环测试后

7.5　全固态柔性超级电容器组装及储能特性研究

7.5.1　全固态柔性非对称超级电容器组装

制备 PVA/KOH 凝胶电解质的步骤：首先把 200 mg 的 PVA 粉体加入到 15 mL 的去离子水中先磁力搅拌 0.5 小时后，再放入水浴锅中加热到 90 ℃ 并保温 1 小时，同时取 2 g 的 KOH 加入到 5 mL 的去离子水中磁力搅拌 1 小时，之后把分散均匀的 KOH 溶液倒入上述 PVA 水分散液中继续磁力搅拌 2 小时，把混合溶液放入真空干燥箱中静置 5 小时以除去气泡，最终得到 PVA/KOH 凝胶电解质备用。

本实验把在碳布上涂覆的 Co_9S_8@S-rGO-800 材料为正极，在碳布上涂覆的活性炭(AC)材料为负极。把上述制备的 PVA/KOH 凝胶电解质分别滴涂在 Co_9S_8@S-rGO-800 和活性炭的电极上，组装成三明治结构，然后把该器件放入真空干燥箱中室温真空静置 8 小时，使得电极材料与凝胶电解质可以完全浸润以降低它们的接触内阻，最终得到全固态柔性 Co_9S_8@S-rGO-800//AC 非对称型超级电容器。

此外，对于非对称超级电容器来说，由于正、负电极的材料不同，导致它们的比容量和工作电压窗口均不相同，但在对非对称超级电容器作充放电测试时，则要求正、负极两端储存相同的电荷量（$Q_+ = Q_-$）。因此为了制备具有最优储能特性的非对称超级电容器，在组装非对称器件前还需要对正负电极的质量进行匹配分析，其计算公式如下[181]：

$$Q = C_S \times m \times \Delta V \quad (7-2)$$

$$\frac{m_+}{m_-} = \frac{C_s^- \times \Delta V_-}{C_s^+ \times \Delta V_+} \quad (7-3)$$

式中：m 表示正极或负极材料的质量，单位是 g；Cs 表示正极或负极材料的质量比容量，单位是 F/g；ΔV 表示正极或负极材料的工作电压窗口，单位是 V。

本小节利用两电极测试体系来表征全固态柔性 Co_9S_8@S-rGO-800//AC 非对称型超级电容器的电化学特性。测试的电压工作范围为 0~1.8 V，EIS 设置的频率范围是 $10^{-2} \sim 10^6$ Hz，其施加的正弦电压是 0.005 V。所有的电化学测试均在室温环境中进行，并且测试的仪器采用的是上海辰华生产的 CHI660D 型的电化学工作站。

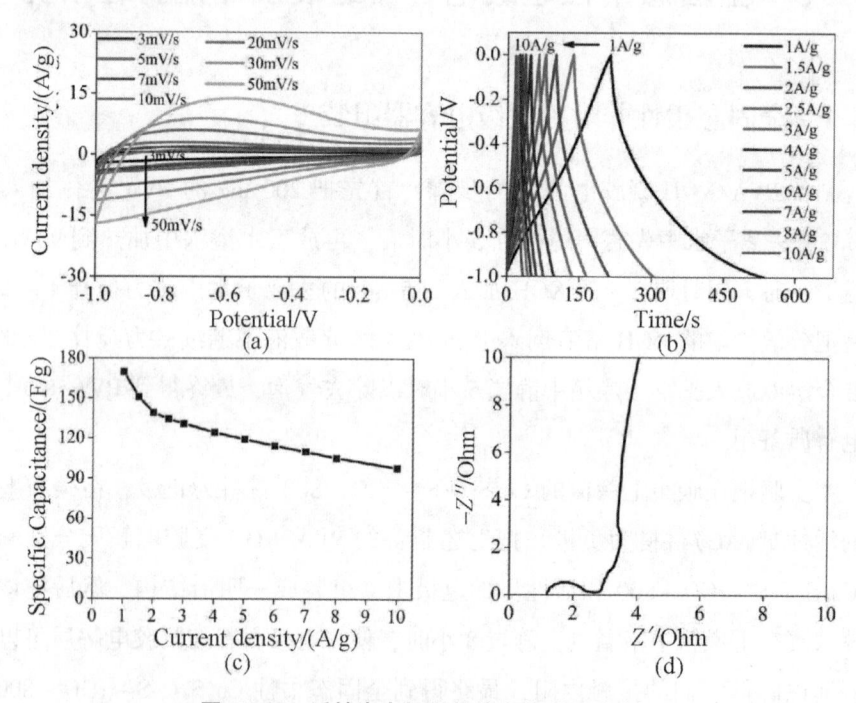

图 7-27 活性炭电极材料的电化学性能表征

(a) 在不同扫描速率下的 CV 图　(b) 在不同电流密度下的 GCD 图

(c) 施加不同电流密度时得到的比容量对比图　(d) EIS 图

7.5.2 全固态柔性非对称超级电容器电化学性能测试

为了对非对称超级电容器的正、负电极的质量进行优化匹配，本小节首先对活性炭的电化学性能进行了表征，电压范围设置为 $-1\sim0$ V，结果如图 7-27 所示。其中，图 7-27(a) 是活性炭电极在不同扫描速率(3 mV/s、5 mV/s、7 mV/s、10 mV/s、20 mV/s、30 mV/s 和 50 mV/s)下的 CV 图，由图可知，当扫描速率由 3 mV/s 增大到 50 mV/s 时，CV 曲线包围的面积在逐渐增大且图形基本呈矩形状，说明活性炭电极具有典型的双电层电容特性。图 7-27(b) 是活性炭电极在不同电流密度下的 GCD 图，当电流密度由 1 A/g 增大到 10 A/g 时放电时间在减少，但 GCD 曲线中电压随时间成线性变化且曲线的形状接近等腰三角形，说明活性炭电极具有较高的库伦效率、较好的电化学可逆性。根据电极材料比容量的计算公式，由图 7-27(b) 的 GCD 曲线可以计算得到在不同电流密度下的比容量，结果如图 7-27(c) 所示。即当电流密度设定为 1 A/g、1.5 A/g、2 A/g、2.5 A/g、3 A/g、4 A/g、5 A/g、6 A/g、7 A/g、8 A/g、9 A/g 和 10 A/g 时，对应的比容量分别为 169.7 F/g、150.8 F/g、138.9 F/g、134.2 F/g、130.8 F/g、124.2 F/g、119.2 F/g、114.4 F/g、110.0 F/g、105.3 F/g 和 97.9 F/g。同时还对活性炭电极的交流阻抗特性进行了表征，结果如图 7-27(d) 所示。由图可知在高频区，曲线与横轴的交点即等效串联电阻 Rs 约为 1.2 Ω，圆的直径即电荷转移内阻 Rct 约为 1 Ω，而在低频区曲线几乎与横轴垂直，说明了电解液与活性炭电极材料内部的浸润性较好、接触内阻较低，因此，具有良好电化学性能的活性炭电极材料可以被选作为非对称电容器的负极材料。

非对称型超级电容器可以充分利用正、负电极材料不同的工作电压窗口的优势来拓宽器件的工作电压区间，同时提高器件的储能密度[182-184]。在以 Co_9S_8@S-rGO-800 作为正极、活性炭作为负极组装非对称型超级电容器前，先依据公式(7-3)及上述对正、负电极比容量的表征结果，计算得到 Co_9S_8@S-rGO-800 与活性炭电极最优的质量比为 0.5，并且非对称型超级电容器的工作电压窗口可以拓展到 1.8 V。

图 7-28 是全固态柔性 Co_9S_8@S-rGO-800//AC 非对称型超级电容器的电化学性能表征图。其中，图 7-28(a) 是当扫描速率为 50 mV/s 时，在不同

工作电压范围(0~1 V、0~1.1 V、0~1.2 V、0~1.3 V、0~1.4 V、0~1.5 V、0~1.6 V、0~1.7 V 和 0~1.8 V)的 CV 曲线对比图。由图可知,当工作电压区间由 1.0 V 拓宽至 1.8 V 时,其 CV 曲线没有出现明显的极化峰,说明本小节组装的非对称超级电容器可以在 1.8 V 的电压区间内正常稳定地工作。图 7-28(b)是当工作电压范围为 0~1.8 V 时,在不同扫描速率(5 mV/s、10 mV/s、20 mV/s、30 mV/s、50 mV/s、70 mV/s、100 mV/s 和 200 mV/s)下的 CV 测试图,显示了所有的 CV 曲线都具有类似的形状,表明该非对称器件是利用双电层电容和赝电容的协同作用来提高器件的储能密度的。

图 7-28(c)显示了当电流密度为 5 A/g 时,非对称型超级电容器在不同工作电压范围(0~1 V、0~1.1 V、0~1.2 V、0~1.3 V、0~1.4 V、0~1.5 V、0~1.6 V、0~1.7 V 和 0~1.8 V)的 GCD 曲线,由图可知,即使电压窗口为 0~1.8 V 时,曲线也没有显示出明显的过充区域,这也进一步证明了非对称超级电容器可以在 0~1.8 V 的区间稳定工作。图 7-28(d)是当工作电压范围在 0~1.8 V 时在不同电流密度下的 GCD 曲线,由图可知随着电流密度的增大,放电时间在减少,其比容量在降低。

根据非对称超级电容器比容量的计算公式,由图 7-28(d)中的 GCD 曲线可以得到 1 A/g、1.5 A/g、2 A/g、2.5 A/g、3 A/g、4 A/g、5 A/g、6 A/g、7 A/g、8 A/g 和 10 A/g 时,其比容量分别为 87.8 F/g、80.4 F/g、74.1 F/g、71.7 F/g、69.4 F/g、65.9 F/g、62.7 F/g、60.7 F/g、58.8 F/g、56.2 F/g 和 51.4 F/g,电流密度与比容量的关系如图 7-28(e)所示。由图可以发现,当电流密度由 1 A/g 增大到 10 A/g 时,非对称器件的比容量仍然保持了约 60%,表明了本小节组装的全固态柔性 Co_9S_8@S-rGO-800//AC 非对称超级电容器具有较好的倍率特性。

为了研究已组装的非对称超级电容器的柔韧性,本小节还表征了在不同弯曲角度下器件的循环伏安特性,结果如图 7-28(f)所示。器件在弯曲角度约为 0°、90° 或 180° 时,测试的 CV 曲线几乎弯曲重合,说明器件的弯曲状态几乎不会影响其电化学性能(插图是非对称器件在不同弯曲状态下测试时的实物图),即证明了本实验组装的 Co_9S_8@S-rGO-800//AC 非对称超级电容器具有较好的机械柔韧性,使其有望作为供能单元应用于柔性可穿戴电子设备中。

循环稳定性是非对称型超级电容器可以被广泛使用的关键参数之一,因此

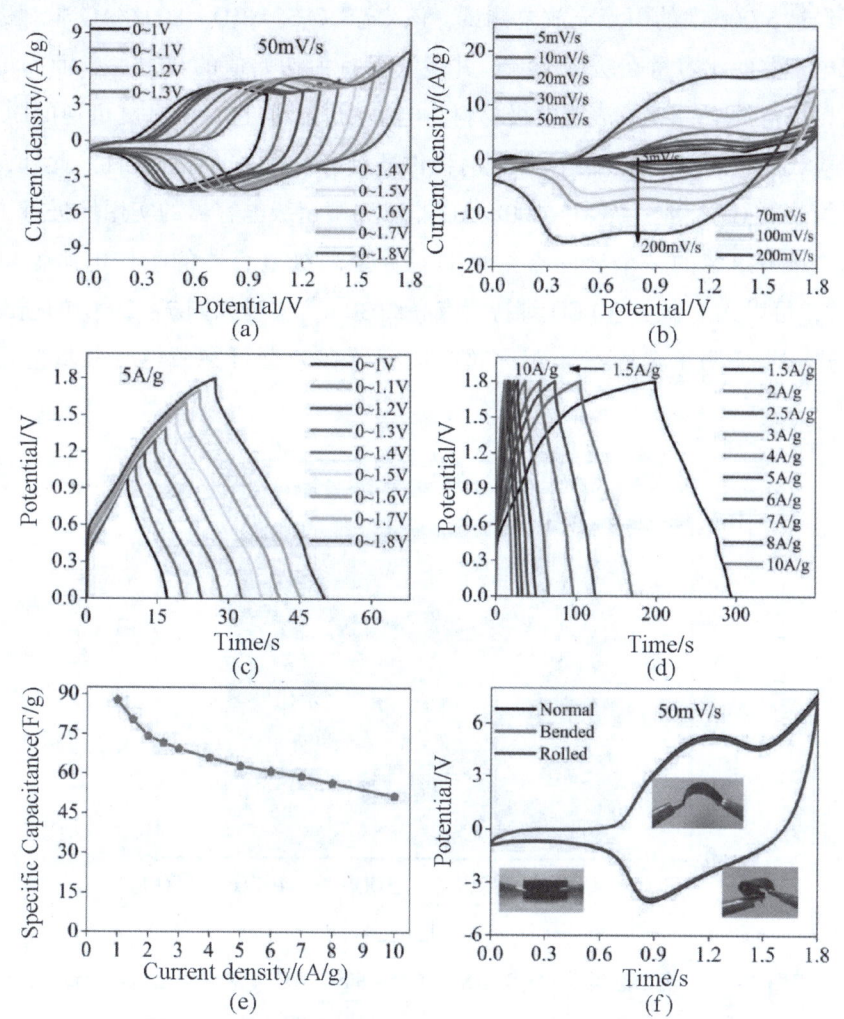

图7-28 全固态柔性 Co₉S₈@S-rGO-800//AC 非对称型超级
电容器的电化学性能表征

(a) 当扫描速率为 50 mV/s 时在不同工作电压范围的 CV 曲线

(b) 当工作电压范围在 0 V~1.8 V 时在不同扫描速率下的 CV 曲线

(c) 当电流密度为 5 A/g 时在不同工作电压范围的 GCD 曲线

(d) 当工作电压范围在 0 V~1.8 V 时在不同电流密度下的 GCD 曲线

(e) 在不同电流密度下的比容量的关系图

(f) 扫描速率为 50 mV/s 器件在不同弯曲状态下的 CV 曲线

本小节也对全固态柔性 Co₉S₈@S-rGO-800//AC 非对称型超级电容器的循环稳定性和库伦效率进行了表征，结果如图7-29所示。当电流密度为 5 A/g

时，经过5 000次的恒流充放电测试，该Co_9S_8@S-rGO-800//AC非对称型超级电容器的比容量在缓慢下降，并最终保持为初始值的90.6%，而库伦效率可以保持约96.5%，表明电极材料与电解液离子间进行了高度可逆的脱/吸附反应或高效的氧化还原反应，同时器件还具有较好的循环稳定性。此外，还对已组装的Co_9S_8@S-rGO-800//AC非对称型超级电容器的实用性进行了验证，本小节组装的一个全固态柔性非对称型超级电容器的工作电压窗口为1.8 V，可以让1个红色LED灯持续点亮约30 s，实物如图7-29中的插图所示，进一步证明了全固态非对称超级电容器在微型可穿戴电子领域应用的潜力。

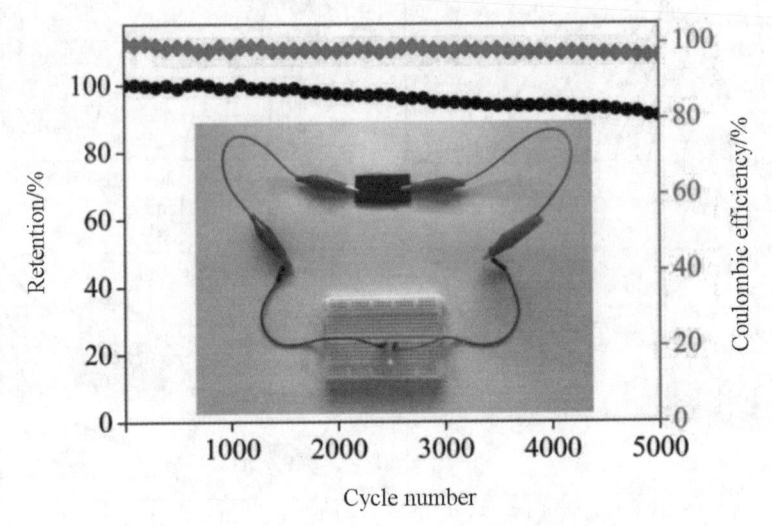

图7-29 全固态柔性Co_9S_8@S-rGO-800//AC非对称型超级电容器在电流密度为5 A/g时的循环稳定性和库伦效率测试图

能量密度与功率密度是衡量非对称型超级电容器实用性的2个关键指标，因此，本小节依据超级电容器能量密度、功率密度计算公式可以得到全固态柔性Co_9S_8@S-rGO-800//AC非对称型超级电容器在不同能量密度下对应的功率密度关系图即Ragone图，同时也和其他已报到文献中的非对称型超级电容器的性能进行了比较，结果如图7-30所示。由图可知，对于Co_9S_8@S-rGO-800//AC非对称型超级电容器，当其能量密度为39.51 W·h/kg时，对应的功率密度为260 W/kg；而当功率密度增大至8410 W/kg时，其能量密度仍然可以达到23.13 W·h/kg。以上测试结果表明本小节组装的Co_9S_8@S-

第七章 Co₉S₈@S–rGO 分级多孔复合薄膜制备及其储能特性研究

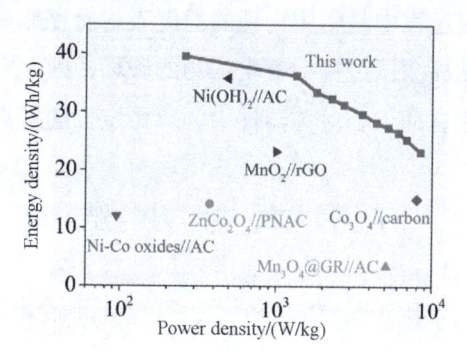

图 7–30 Co₉S₈@S–rGO–800//AC 非对称型超级电容器的 Ragone 图

rGO–800//AC 非对称型超级电容器的性能比目前已报道的非对称器件更优异，例如：ZnCo₂O₄//PNAC 非对称型超级电容器（能量密度为 14.1 W·h/kg 时对应的功率密度为 375 W/kg）[185]；Mn₃O₄@GR//AC 非对称型超级电容器（能量密度为 13.5 W·h/kg 时对应的功率密度为 400 W/kg）[186]；Ni–Co oxides//AC 非对称型超级电容器（能量密度为 7.4 W·h/kg 时对应的功率密度为 1902.9 W/kg）[187]；Co₃O₄//carbon 非对称型超级电容器（能量密度为 15 W·h/kg 时对应的功率密度为 8 kW/kg）[188]；Ni(OH)₂//AC 非对称型超级电容器（能量密度为 35.7 W·h/kg 时对应的功率密度为 490 W/kg）[189]；MnO₂//rGO 非对称型超级电容器（能量密度为 23.2 W·h/kg 时对应的功率密度为 1 000 W/kg）[190]；N/S–NAC//NiCo₂O₄ 非对称型超级电容器（能量密度为 15.4 W·h/kg 时对应的功率密度为 749.2 W/kg）[191]；NiCo₂O₄/NGN/CNTs//NGN/CNTs 非对称型超级电容器（能量密度为 26.83 W·h/kg 时对应的功率密度为 775 W/kg）[192]等。综上所述，本小节组装的全固态柔性 Co₉S₈@S–rGO–800//AC 非对称型超级电容器具有较高的能量密度、较好的功率特性及优异的循环稳定性，这些都得益于一方面分级多孔的 Co₉S₈@S–rGO–800 复合薄膜作为正极材料参与电化学反应时，相互交联的多孔 S–rGO 纳米片作为复合电极的导电骨架不仅可以提供丰富的导电通道提高电化学反应过程中电荷的传输效率、缩短电极材料与电解液离子间的扩散距离、还可以有效缓解在氧化还原反应过程中 Co₉S₈ 纳米颗粒体积变化效应、以提高器件的功率密度和循环寿命。另一方面 Co₉S₈ 纳米颗粒作为赝电容材料，在循环测试过程中发生高效的氧化还原反应为器件储能密度的提高提供主要动力。同时活性炭电极作为双电层电容材料，在反应过程中是利用物理的静电吸附储存能量的，没有氧化还原反应发生也不会在循环测试过程中遭受结构的破坏，因此它作为负极材料在恒流充放电测试过程也有助于非对称器件中循环稳定性的提高[193]。

7.6 本章小结

本章采用简单的水热法和热退火工艺设计了在生成多孔 S-rGO 纳米片的同时原位生长 Co_9S_8 纳米颗粒的实验方案，进而制备出 Co_9S_8@S-rGO 三维分级多孔复合薄膜。通过优化实验参数，系统研究了前驱体溶液的浓度、pH 值和后处理温度对产物形貌及电化学特性的影响，最终制备出电化学性能优异的 Co_9S_8@S-rGO-800 分级多孔复合薄膜，同时也对 Co_9S_8@S-rGO 复合电极的电化学动力学过程进行了详细的表征分析。最后，利用活性炭作负极材料、Co_9S_8@S-rGO 分级多孔复合薄膜作正极材料及 PVA/KOH 凝胶电解质组装成全固态柔性 Co_9S_8@S-rGO-800//AC 非对称型超级电容器，并对器件的储能特性及实用性进行了分析研究。主要研究成果如下。

1. 研究了前驱体溶液中 $CoCl_2·6(H_2O)$ 的浓度对 Co_9S_8@S-rGO 分级多孔复合薄膜电化学性能的影响。在不改变其他实验参数的情况下，通过加入不同摩尔量(0.5 mmol、1 mmol、2 mmol 和 3 mmol)的 $CoCl_2·6(H_2O)$，制备了4组 Co_9S_8@S-rGO 复合薄膜，并对它们的形貌、成分和电化学性能进行了表征分析。实验结果表明，当向前驱体溶液中加入 2 mmol 的 $CoCl_2·6(H_2O)$ 时，制备的 Co_9S_8@S-rGO-2 复合薄膜显示有大量的 Co_9S_8 纳米颗粒均匀分散于 S-rGO 多孔纳米片层上，此时制备的 Co_9S_8@S-rGO-2 的复合电极具有最高的比容量，在 2 A/g 的电流密度为下，其比容量可达到 167.6 F/g。

2. 研究了前驱体溶液的 pH 值对 Co_9S_8@S-rGO 复合薄膜形貌及电化学性能的影响。选用上述得出的最优前驱体浓度参数，同时通过氨水调控前驱体的 pH 值(pH=7、pH=9 和 pH=11)制备 3 组 Co_9S_8@S-rGO 分级多孔复合薄膜，并对它们的形貌、成分和电化学性能进行了表征分析。随着前驱体溶液的 pH 值由 7 升高为 9 时，对应 Co_9S_8@S-rGO 产物中 S-rGO 薄膜上的孔径增大；而当前驱体溶液的 pH 值继续升高到 11 时，S-rGO 薄膜不再是连续的而是呈碎片状，表明前驱体溶液随着碱性的增强，将有利于 S-rGO 薄膜形成多孔结构,但碱性过强会破坏 Co_9S_8@S-rGO 复合材料中作为三维导电网络的 S-rGO 形貌结构,进而降低电化学反应中电子的传输效率和材料的循环稳定性。因此 Co_9S_8@S-rGO-9 复合电极表现出了最优的电化学性能,在 2 A/g 的电流密度为下,其比容量可达到 321 F/g。

3. 利用上述最优的实验参数制备前驱体材料,探究后处理温度(600 ℃、700 ℃、800 ℃ 和 900 ℃)对 Co_9S_8@S-rGO 复合薄膜储能特性的影响。实验结果表明:后处理温度为 800 ℃ 时,制备的 Co_9S_8@S-rGO-800 分级多孔复合薄膜具有最大的比表面积(112.8 m^2/g),复合材料中具有较好分级多孔结构的 S-rGO 纳米片作为三维导电骨架,不仅可以为 Co_9S_8 纳米颗粒的生长提供丰富的附着位点,还有利于提高电化学反应过程中电子的传输效率、缩短电解液离子的传输距离、增强电极材料与电解液离子的浸润性,进而降低电极与电解液的接触内阻、提高电化学反应效率,并最终获得具有高比容的 Co_9S_8@S-rGO-800 复合薄膜电极。

4. 利用上述优化的实验参数制备 Co_9S_8@S-rGO-800 复合薄膜,并以 Co_9S_8@S-rGO-800 为正极材料、活性炭为负极材料与 PVA/KOH 凝胶电解质一起组装 Co_9S_8@S-rGO-800//AC 全固态柔性非对称型超级电容器。研究表明当电流密度为 1 A/g 时,其能量密度为 39.5 W·h/kg,功率密度为 260 W/kg。在 5 A/g 的电流密度下,经过 5 000 次的循环测试后,器件的比容量可保持为初始值的 90.6%,且库伦效率可以保持约 96.5%。此外,还对器件在不同弯曲状态时的循环伏安特性进行了表征,结果显示器件的弯曲状态几乎不会影响其电化学性能,表明非对称器件具有较好的机械柔韧性。同时,本小节组装的一个全固态柔性非对称型超级电容器的工作电压窗口为 1.8 V,可作为 LED 灯的驱动电源,验证了 Co_9S_8@S-rGO-800//AC 全固态柔性非对称型超级电容器的实用性。以上实验结果表明本实验组装的 Co_9S_8@S-rGO-800//AC 全固态非对称型超级电容器具有优异的循环稳定性和较好的储能特性,使其有望作为供能单元应用于柔性可穿戴电子领域。

第八章 总结与展望

8.1 本研究工作总结

针对当前微型超级电容器研究中存在的能量密度较低、内阻较大而无法满足实际应用需求的难题，本研究采用简单易操作的激光直写、电化学原位聚合、气相聚合及水热反应的制备工艺，通过合理的结构设计与组分优化，得到电导率高、比表面积大、比容量高的复合电极材料，以增大电解液离子可利用的比表面积、增强电化学反应效率、降低接触内阻进而提高电极材料的能量密度、功率密度和循环稳定性。本研究系统地研究了石墨烯基复合电极材料及由此组装的微型超级电容器单元器件的串并联阵列器件的电化学性能，为微型储能器件在微型可穿戴电子领域的广泛应用奠定了良好的理论和技术基础。研究的主要内容如下：

1. 采用易于集成、简单可控的激光直写工艺，利用热还原效应把氧化石墨烯（GO）表面的含氧官能团去掉，进而制备出平面叉指型的还原氧化石墨烯（rGO）电极结构，并与PVA/H_3PO_4凝胶电解质一起组装成基于rGO的全固态微型超级电容器。详细研究了叉指电极材料的负载量和叉指的尺寸对微型超级电容器储能特性的影响，通过实验参数的优化，探究出电化学性能优异的微型超级电容器的最佳工艺参数。实验结果表明，适当负载量的电极材料有助于增强电解液离子在电极材料表面的浸润性、降低电解液离子的扩散阻力，使其比容量可以被充分地引出。并且叉指电极尺寸的优化有助于促进电解液离子在二维平面的叉指电极之间的渗透作用，降低电极材料与电解液离子的界面接触内阻，同时也缩短电解液离子到电极材料表面的扩散距离，增强了电化学反应效率，最终获得高性能全固态微型超级电容器器件结构。当电极材料的负载量均为 8 mg/cm^2，叉指电极的长 8 mm、叉指宽 1 mm、指间距 0.5 mm 时，制备的 rGO 全固态微型超级电容器具有较好的电化学性能。显示当电流密度由 10 μA/cm^2 增大到 30 μA/cm^2 时器件的比容量由 2 690 μF/cm^2 降低为 1 896 μF/cm^2，即器件在

第八章 总结与展望

高电流密度下仍具有较好的倍率特性。

2. 采用电化学聚合和激光直写工艺设计并制备了 PEDOT/rGO 复合电极材料。覆盖在 PEDOT 纳米颗粒表面的 rGO 纳米片为电解液离子构筑了较多的开放网络结构，不仅可以有效缓解 PEDOT 纳米颗粒在电化学反应过程中的体积变化效应，还有助于提高电解液离子可利用的比表面积。同时 PEDOT 赝电容材料在氧化还原反应过程中产生的转移电荷更容易被 rGO 的导电网络所收集并快速传输，进而提高 PEDOT/rGO 复合电极的电化学反应效率。对其进行电化学性能测试发现，在电流密度为 0.2 mA/cm^2 时，PEDOT/rGO 电极的比容量为 43.75 mF/cm^2，经过 1 000 次的恒流充放电测试，其比容量仍可以保持 83.6%。与 PVA/H$_3$PO$_4$ 凝胶电解质一起组装成基于 PEDOT/rGO 复合电极的全固态微型超级电容器阵。电化学测试显示，在电流密度为 4.2 μA/cm^2 时，微型超级电容器的比容量为 4.03 mF/cm^2，经过 5 000 次的恒流充放电循环后其比容量仍可保留 94.5%，表明微型器件具有优异的循环稳定性。当器件处于不同的弯曲状态(0°、90°、120°和 180°)时其 CV 曲线图基本重合，证明了该方法组装的基于 PEDOT/rGO 复合电极的微型超级电容器具有较好的机械柔韧性。

3. 采用简便、高效的激光直写工艺设计了基于 rGO/MWCNT 复合电极的微型超级电容器及其串、并联阵列器件。针对石墨烯纳米片容易团聚的问题，本小节采用嵌入异质结构扩大层间距的方法，可以有效降低团聚，同时增加电化学活性位点。并且一维结构的 MWCNT 具有电导率高、柔韧性好的特点，尤其是经酸化处理后它的端口和外表面会含有一定数量的活性基团。因此利用 rGO 与 MWCNT 复合可以提供大量的活性位点及高效的电荷迁移，从而有助于提高 rGO/MWCNT 复合电极材料的储能密度。实验结果显示：rGO/MWCNT 电极材料在电流密度为 5 A/cm^3 时，其比容量可达到 49.35 F/cm^3，且在经过 1 000 个循环测试后其比容量保持率分别为 85.5%。组装的基于 rGO/MWCNT 的全固态微型超级电容器单元器件显示，在电流密度为 20 mA/cm^3 时其比容量为 46.60 F/cm^3，经过 10 000 次的循环测试后其比容量仅仅衰减了 11.4%，并且器件的库伦效率可以维持在 98%~100% 范围内。此外，本研究还用 2 个 rGO/MWCNT 微型单元器件进行了串联、并联阵列器件设计并对其电化学性能进行了测试。结果显示当电流密度为 40 mA/cm^3 时，微型超级电容器单元器件的比

· 141 ·

容量为 42.28 F/cm³，2 个串联器件的比容量为 18.08 F/cm³，2 个并联器件的比容量为 91.01 F/cm³，因此本小节组装的串并联阵列器件满足电容器"串联时电压加倍、容量减半，并联时电压不变、容量加倍"规律。

4. 设计并制备了基于三维网状结构的 rGO/PEDOT 微型超级电容器及其串、并联阵列器件。用激光直写工艺制备了 rGO 平面叉指型的电极结构，并结合气相聚合法引入三维网状的 PEDOT 赝电容材料，构筑了具有高孔隙率的平面叉指型的 rGO/PEDOT 复合电极结构。此外，还系统的研究了气相聚合时聚合温度(30 ℃、50 ℃、80 ℃和 100 ℃)对 rGO/PEDOT 复合电极电化学性能的影响。研究结果表明，当聚合温度为 50 ℃时，EDOT 单体以气相的状态在氧化剂的辅助下平缓、稳定有序地进行氧化聚合反应，同时副产物酸的蒸发有利于形成均匀多孔的 PEDOT。当聚合温度较高时(80 ℃或 100 ℃)，EDOT 蒸气浓度较高，反应的速率太快，容易引发非均相成核而形成致密的多孔形貌。而聚合温度过低时(30 ℃)，EDOT 单体以气相的状态存在的浓度太低，氧化聚合反应不充分，同时副产物酸的蒸发速度较慢，也不利于均匀多孔形貌的形成。通过电化学性能测试发现，基于三维网状结构的 rGO/PEDOT-50 微型超级电容器具有最好的储能特性，在电流密度为 80 mA/cm³ 时，其比容量为 35.12 F/cm³，经过 4 000 次的恒流充放电测试后，rGO/PEDOT-50 微型器件的比容量仍能保持初始值的 90.2%，且器件的库伦效率始终保持在 97%～99%范围内。本研究还对基于 rGO/PEDOT 微型超级电容器的串并联阵列器件的电化学性能进行了对比分析，发现阵列器件的电化学性能满足电容器串并联的物理规律，表明利用激光直写和气相聚合工艺可以方便快捷地定制串联阵列器件，以满足负载对输出电压、电流或能量密度的需求。此外，利用 2P×3S 微型超级电容器阵列器件与太阳能电池一起组装为能量采集与储存一体的自供能器件，并成功点亮了 LED 灯，即使阵列器件处于弯曲状态也仍可以正常工作，证明了本研究组装的微型超级电容器阵列器件在柔性可穿戴电子领域具有较好的应用前景。

5. 采用简单的水热法和热退火工艺设计了在生成多孔 S-rGO 纳米片的同时原位生长 Co_9S_8 纳米颗粒，进而构筑具有较高比表面积的 Co_9S_8@S-rGO 三维分级多孔复合薄膜结构。通过优化实验参数，系统研究了前驱体溶液的浓度、pH 值和后处理温度对产物形貌及电化学特性的影响，最终制备出电化学

性能优异的 Co_9S_8@S-rGO-800 分级多孔复合薄膜。Co_9S_8 纳米颗粒均匀分散在 S-rGO 纳米片表面或层间，既缓解了纳米片的堆叠效应，又在电化学反应过程中引入了更多的赝电容活性位点；同时分级多孔的 S-rGO 纳米片作为复合材料中相互连通的网络骨架，不仅可以缩短电极材料与电解液离子的传输距离、提高电化学反应速率，还可以为反应提供丰富的导电通道，这些优点促进了 Co_9S_8@S-rGO-800 复合电极电化学性能的提高。电化学测试结果显示：在电流密度为 1 A/g 时，其比容量可达到 348.5 F/g，经过 5 000 次循环测试后其比容量保持率仍然高达 92.6%。本小节还以 Co_9S_8@S-rGO-800 为正极材料、活性炭(AC)为负极材料与 PVA/KOH 作凝胶电解质一起组装了 Co_9S_8@S-rGO-800//AC 全固态柔性非对称型超级电容器。当电流密度为 1 A/g 时，非对称器件的能量密度为 39.5 W·h/kg，其功率密度为 260 W/kg。经过 5 000 次的循环测试后，器件的比容量可保持为初始值的 90.6%，且库伦效率可以保持约 96.5%。此外，还对器件在不同弯曲状态时的循环伏安特性进行了表征，结果显示器件的弯曲状态几乎不会影响其电化学性能。以上实验结果表明 Co_9S_8@S-rGO-800//AC 全固态非对称型超级电容器具有优异的循环稳定性、机械柔韧性和较好的储能特性，使其有望作为供能单元应用于柔性可穿戴电子领域。

8.2 本研究创新点

1. 提出了嵌入异质结构扩大层间距的方法，设计并制备了 PEDOT/rGO 和 rGO/MWCNT 层内复合薄膜电极材料，降低了材料的团聚，提高了电化学反应速率，为制备高性能全固态微型超级电容器及其阵列器件的电极材料提供了新思路。

2. 设计并构建了具有三维均匀多孔结构的 rGO/PEDOT 复合薄膜电极，并由此组装了全固态微型超级电容器阵列器件与太阳能电池相结合的能量采集与储存一体的自供能器件。

3. 提出将激光直写、电化学原位聚合及气相聚合相结合的方法制备高性能的电极材料及全固态微型超级电容器及其阵列器件，简化了制备流程、提高了储能效率，有助于促进高性能微型超级电容器的推广应用。

4. 创新性的提出用水热反应和热退火工艺在制备分级多孔 S–rGO 纳米片的同时原位生长具有较高赝电容特性的 Co$_9$S$_8$ 纳米颗粒，获得了具有高比容的 Co$_9$S$_8$@S–rGO 复合薄膜。由此组装的 Co$_9$S$_8$@S–rGO–800//AC 非对称型全固态超级电容器表现出优异储能特性和良好的应用前景。

8.3 前景展望

本研究从电极材料成分和结构的角度出发，设计出图案化的兼具高能量密度、高功率密度和长循环寿命的石墨烯基复合薄膜电极，同时也系统地研究了石墨烯基复合电极材料及由此组装的微型超级电容器单元器件的串并联阵列器件的电化学性能，研究结果表明了本研究组装的微型超级电容器阵列器件可以为传感器或其他可穿戴电子器件持续稳定地供电，使其具有较好的应用前景[194-199]。但仍有许多工作需要进一步的研究。

1. 本研究采用水系凝胶电解质组装的微型超级电容器单元器件的工作电压窗口只有 1V，其能量密度仍然相对较低。因此，选择与电极材料相匹配的离子凝胶或有机系凝胶电解质得到高电压窗口的微型超级电容器是下一步研究的重点。

2. 本研究制备的微型超级电容器在室温环境中表现出优异的电化学性能，但在较宽温度范围内能稳定工作的微型超级电容器需要进一步的深入研究。

3. 本研究制备的微型超级电容器功率密度仍有待提高。需要进一步探究凝胶电解质的黏度、迁移率、离子电导率与电极微结构的成分、表面形貌、孔径分布的匹配关系，以提高电极材料与电解液离子的浸润性、降低接触内阻，进而提高微型超级电容器的功率密度。

4. 探寻新的制备微型超级电容器的方法，简化制备过程，进一步减小器件尺寸同时提高储能密度，以满足微型电子器件的应用需求。

参考文献

[1] OUDENHOVEN J M, BAGGETTO L, NOTTEN P L. All-solid-state lithium-ion microbatteries: A review of various three-dimensional concepts[J]. Advanced Energy Materials, 2011, 1(1): 10-33.

[2] KYEREMATENG N A. Self-organised TiO_2 Nanotubes for 2D or 3D Li-Ion microbatteries[J]. Chemelectrochem, 2014, 1(9): 1442-1466.

[3] QI D P, LIU Y, LIU Z Y, et al. Design of architectures and materials in in-plane micro-supercapacitors: current status and future challenges[J]. Advanced Materials, 2017, 29(5): 1602802.

[4] ROCHA V G, GARCÍA-TUÑÓN E, BOTAS C, et al. Multimaterial 3D printing of graphene-based electrodes for electrochemical energy storage using thermoresponsive inks[J]. ACS Applied Materials & Interfaces, 2017, 9(42): 37136-37145.

[5] XU L, XU J H, YANG Y J, et al. A flexible fabric electrode with hierarchical carbon-polymer composite for functional supercapacitors[J]. Journal of Materials Science: Materials in Electronics, 2018, 29(3): 2322-2330.

[6] LIM J H, CHOI D J, KIM H, et al. Thin film supercapacitors using a sputtered RuO_2 electrode[J]. Journal of the Electrochemical Society, 2001, 148(3): A275-A278.

[7] JOO-HWAN S, SE-JOON K, LEE Kun-hong. Fabrication of microcapacitors using conducting polymer microelectrodes[J]. Journal of Power Sources, 2003, 124(1): 343-350.

[8] PECH D, BRUNET M, DUROU H, et al. Ultrahigh-power micrometre-sized supercapacitors based on onion-like Carbon[J]. Nature Nanotechnology, 2010, 5(9): 651-654.

[9] LIU S Y, XIE J, LI H B, et al. Nitrogen-doped reduced graphene oxide for

high-performance flexible all-solid-state micro-supercapacitors[J]. Journal of Materials Chemistry A, 2014, 2(42): 18125-18131.

[10] XIAO H, WU Z S, FENG Z, et al. Stretchable tandem micro-supercapacitors with high voltage output and exceptional mechanical robustness[J]. Energy Storage Materials, 2018, 13: 233-240.

[11] ZHENG S H, SHI X Y, DAS P, et al. The road towards planar microbatteries and micro-supercapacitors: from 2D to 3D device geometries[J]. Advanced Materials, 2019, 31(0): 1900583.

[12] XIONG G P, MENG C, REIFENBERGER R G, et al. A review of graphene-based electrochemical microsupercapacitor[J]. Electroanalysis, 2014, 26(1): 30-51.

[13] ZHANG L L, ZHAO X S. Carbon-based materials as supercapacitor electrodes[J]. Chemical Society Reviews, 2009, 38(9): 2520-2531.

[14] AUGUSTYN V, SIMON P, DUNN B. Pseudocapacitive oxide materials for high-rate electrochemical energy storage[J]. Energy Environment Science, 2014, 7(5): 1597-1614.

[15] LIU C G, YU Z N, NEFF D, et al. Graphene-based supercapacitor with an ultrahigh energy density[J]. NANO Letters, 2010, 10(12): 4863-4868.

[16] STAAF L H, LUNDGREN, ENOKSSON P. Present and future supercapacitor Carbon electrode materials for improved energy storage used in intelligent wireless sensor systems[J]. NANO Energy, 2014, 9: 128-141.

[17] NARENDRA K, HOTA M K, ALSHAREEF H N. Conducting polymer micro-supercapacitors for flexible energy storage and Ac line-filtering[J]. NANO Energy, 2015, 13: 500-508.

[18] HE X, CHEN Q, MAO X L, et al. Pseudocapacitance electrode and asymmetric supercapacitor based on biomass juglone/activated Carbon composites[J]. RSC Advances, 2019, 9(53): 30809-33081.

[19] SHEN C W, WANG X H, ZHANG W F, et al. A high-performance three-dimensional micro supercapacitor based on self-supporting composite materials[J]. Journal of Power Sources, 2011, 196(23): 10465-10471.

参考文献

[20] BEIDAGHI M, CHEN W, WANG C L. Electrochemically activated Carbon micro-electrode arrays for electrochemical micro-capacitors[J]. Journal of Power Sources, 2011, 196(4): 2403-2409.

[21] CHMIOLA J, LARGEOT C, TABERNA P, et al. Monolithic carbide-derived Carbon films for micro-supercapacitors[J]. Science, 2010, 328(5977): 480-483.

[22] MAO X L, XU J H. Design Co-doped reduced graphene oxide nanocomposite and its application for supercapacitor electrode[C]//256th National Meeting and Exposition of the American-Chemical-Society (ACS)-Nanoscience, Nanotechnology and Beyond: American Chemical Society, 2018: 258.

[23] ZHANG L, DEARMOND D, ALVAREZ N T, et al. Flexible micro-supercapacitor based on graphene with 3D structure[J]. Small, 2017, 13(10): 1603114.

[24] SOLLAMI DELEKTA S, SMITH A D, LI J T, et al. Inkjet printed highly transparent and flexible graphene micro-supercapacitors[J]. Nanoscale, 2017, 9(21): 6998-7005.

[25] SHI X Y, WU Z S, QIN J Q, et al. Graphene-based linear tandem micro-supercapacitors with metal-free current collectors and high-voltage output[J]. Advanced Materials, 2017, 29(44): 1703034.

[26] LIU W W, LU C X, WANG X L, et al. High-Performance microsupercapacitors based on two-dimensional graphene/Manganese dioxide/Silver nanowire ternary hybrid film[J]. ACS NANO, 2015, 9(2): 1528-1542.

[27] LIU W W, YAN X B, CHEN J T, et al. Novel and high-performance asymmetric micro-supercapacitors based on graphene quantum dots and polyaniline nanofibers[J]. Nanoscale, 2013, 5(13): 6053-6062.

[28] LIU W W, FENG Y Q, YAN X B, et al. Superior micro-supercapacitors based on graphene quantum dots[J]. Advanced Functional Materials, 2013, 23(33): 4111-4122.

[29] NIU Z Q, ZHANG L, LIU L L, et al. All-solid-state flexible ultrathin micro-supercapacitors based on graphene[J]. Advanced Materials, 2013, 25

(29): 4035-4042.

[30] EL-KADY M F, KANER R B. Scalable fabrication of high-power graphene micro-supercapacitors for flexible and on-chip energy storage[J]. Nature Communications, 2013, 4(1475): 1-9.

[31] PU X, LIU M M, LI L X, et al. Wearable textile-based in-plane microsupercapacitors[J]. Advanced Energy Materials, 2016, 6(24): 1601254.

[32] ZHU Y, MURALI S, STOLLER M, et al. Graphene-Based ultracapacitors[J]. The Electrochemical Society, 2011, 2010(27): 99-104.

[33] HWANG J Y, EL-KADY M F, WANG Y, et al. Direct preparation and processing of graphene/RuO_2 nanocomposite electrodes for high-performance capacitive energy storage[J]. NANO Energy, 2015, 18: 57-70.

[34] KIM Y K, NA H K, KWACK S J, et al. Synergistic effect of graphene oxide/MWCNT films in laser desorption/ionization mass spectrometry of small molecules and tissue imaging[J]. ACS NANO, 2011, 5(6): 4550-4561.

[35] BU-JONG K, SANG-HOON H, JIN-SEOK P. Properties of CNTs coated by PEDOT:PSS films via spin-coating and electrophoretic deposition methods for flexible transparent electrodes[J]. Surface and Coatings Technology, 2015, 271: 22-26.

[36] WANG Y H, ZHANG Y Y, PENG Y Y, et al. Physical confinement and chemical adsorption of porous C/CNT micro/nano-spheres for CoS and Co_9S_8 as advanced Lithium batteries anodes[J]. Electrochimica ACTA, 2019, 299: 489-499.

[37] MAO X L, XU J H, XIN H, et al. All-solid-state flexible microsupercapacitors based on reduced graphene oxide/multi-walled Carbon nanotube composite electrodes[J]. Applied Surface Science, 2018, 435: 1228-1236.

[38] PACHFULE P, SHINDE D, MAJUMDER M, et al. Fabrication of Carbon nanorods and graphene nanoribbons from a metal-organic framework[J]. Nature Chemistry, 2016, 8(7): 718-724.

[39] HUGHES M, SHAFFER M P, RENOUF A C, et al. Electrochemical capacitance of nanocomposite films formed by coating aligned arrays of Carbon

nanotubes with polypyrrole[J]. Advanced Materials, 2002, 14(5): 382 -385.

[40] SUN L M, WANG X H, LIU W W, et al. Optimization of coplanar high rate supercapacitors[J]. Journal of Power Sources, 2016, 315: 1-8.

[41] MAO X L, He X, YANG W Y, et al. Design rGO/PEDOT composite network architectures for all-solid-state microsupercapacitors [C]//AOMATT2018, Chengdu, China, 2018: 1-7.

[42] CHEN Y, ZHAO Y T, MAO X L et al. Enhanced electrochemical performance of PEDOT film incorporating PEDOT: PSS[C]//2nd International Conference on Machinery, Materials Engineering, Chemical Engineering and Biotechnology, Chongqinq, China, 2016: 136-140.

[43] LU F, CHEN Y, MAO X L, et al. PEDOT: PSS/PEDOT composite film for high performance electrochemical electrode[C]//International Conference on Materials Science, Resource and Environmental Engineering, 1794, 2017: 020015.

[44] MENG C Z, MAENG J M, JOHN S M, et al. Ultrasmall integrated 3d microsupercapacitors solve energy storage for miniature devices[J]. Advanced Energy Materials, 2014, 4(7): 1301269.

[45] GRAEME A S, GEORGE Z C. The measurement of specific capacitances of conducting polymers using the quartz crystal microbalance[J]. Journal of Electroanalytical Chemistry, 2008, 612(1): 140-146.

[46] YAN J, WANG Q, WEI T, et al. Recent advances in design and fabrication of electrochemical supercapacitors with high energy densities[J]. Advanced Energy Materials, 2014, 4(4): 1300816.

[47] HE X YANG W Y MAO X L, et al. All-solid state symmetric supercapacitors based on compressible and flexible free-standing 3D Carbon nanotubes (CNTs)/poly(3,4-ethylenedioxythiophene) (PEDOT) sponge electrodes [J]. Journal of Power Sources, 2018, 376: 138-146.

[48] HE X, MAO X L, YANG W Y, et al. Enhanced electrochemical performance of cooper sulfides coated electrochemical modified Carbon cloth and its

application in flexible supercapacitors[C]//IOP Conference Series: Materials Science and Engineering, 612, 2019: 022014.

[49] LI S Y, CHEN Y, HE X, et al. Modifying reduced graphene oxide by conducting polymer through a hydrothermal polymerization method and its application as energy storage electrodes[J]. Nanoscale Research Letters, 2019, 14: 226.

[50] MENG Q H, WANG K, GUO W, et al. Thread-like supercapacitors based on one-step spun nanocomposite yarns[J]. Small, 2014, 10(15): 3187-3193.

[51] SUN J F, HUANG Y, FU C X, et al. A high performance fiber-shaped PEDOT@ MnO_2//C@ Fe_3O_4 asymmetric supercapacitor for wearable electronics[J]. Journal of Materials Chemistry a, 2016, 38(4): 14877-14883.

[52] YUAN C Z, WU H B, XIE Y, et al. Mixed transition-metal oxides: design, synthesis, and energy-related applications[J]. Angewandte Chemie International Edition, 2014, 53(6): 1488-1504.

[53] LEE J, KITCHAEV D A, KWON D, et al. Reversible Mn^{2+}/Mn^{4+} double redox in lithium-excess cathode materials[J]. Nature, 2018, 556(7700): 185-190.

[54] HAN X P, HE G W, HE Y, et al. Engineering catalytic active sites on cobalt oxide surface for enhanced oxygen electrocatalysis[J]. Advanced Energy Materials, 2017, 8(10): 1702222.

[55] ZHAI S L, WANG C J, KARAHAN H E, et al. Nano-RuO_2-decorated holey graphene composite fibers for micro-supercapacitors with ultrahigh energy density[J]. Small, 2018, 14(29): 1800582.

[56] WEN J, LI S Z, LI B R, et al. Synthesis of three dimensional Co_9S_8 nanorod @ $Ni(OH)_2$ nanosheet core-shell structure for high performance supercapacitor application[J]. Journal of Power Sources, 2015, 284: 279-286.

[57] SHI P P, CHEN R, LI L, et al. Holey Nickel hydroxide nanosheets for wearable solid-state fiber-supercapacitors[J]. Nanoscale, 2018, 10(12): 5442-5448.

[58] TANG H J, WANG J Y, YIN H J, et al. Growth of polypyrrole ultrathin films on MoS$_2$ monolayers as high-performance supercapacitor electrodes[J]. Advanced Materials, 2015, 27(6): 1117-1123.

[59] LI X Y, LI K K, ZHU S C, et al. Fiber-in-tube design of Co$_9$S$_8$-carbon/Co$_9$S$_8$: Enabling efficient Sodium storage[J]. Angewandte Chemie International Edition, 2019, 58(19): 6239-6243.

[60] HE J R, CHEN Y F, MANTHIRAM A. Vertical Co$_9$S$_8$ hollow nanowall arrays grown on a celgard separator as a multifunctional polysulfide barrier for high-performance Li-S batteries[J]. Energy & Environmental Science, 2018, 11(9): 2560-2568.

[61] ZHANG Y, ZHOU Q, ZHU J X, et al. Nanostructured metal chalcogenides for energy storage and electrocatalysis[J]. Advance Functional Materials, 2017, 27(35): 1702317.

[62] ZHANG C F, KREMER M P, SERAL-ASCASO A, et al. Stamping of flexible, coplanar micro-supercapacitors using MXene INKS[J]. Advanced Functional Materials, 2018, 28(9): 1705506.

[63] 刘新,毛喜玲,闫欣雨,等.三维孔道NiMn-MOF电极材料制备及电化学性能研究[J].储能科学与技术,2024,13(02):361-369.

[64] 牛婷婷,毛喜玲,闫欣雨,等.三维纳米花NiCo-MOF非对称超级电容器储能特性[J].微纳电子技术,2024,61(01):7-16.

[65] 毛喜玲,宋毅,刘新,等.一种低温退火调控NiMn-MOF电极材料的制备方法:中国,202410896716.8[P].2024.07.05.

[66] 毛喜玲,刘新,宋毅,等.一种基于原位静电自组装的NiMn-MOF/rGO复合电极制备方法:中国,202410887222.3[P].2024.07.03.

[67] YUAN C, SUI Y W, QI J Q, et al. Facile synthesis of Ni$_3$S$_2$ and Co$_9$S$_8$ double-size nanoparticles decorated on rGO for high-performance supercapacitor electrode materials[J]. Electrochimica ACTA, 2017, 226: 69-78.

[68] ZHU M S, HUANG Y, HUANG Y, et al. Capacitance enhancement in a semiconductor nanostructure-based supercapacitor by solar light and a self-powered supercapacitor-photodetector system[J]. Advanced Functional Mate-

rials, 2016, 26(25): 4481-4490.

[69] SUN S X, LUO J H, QIAN Y, et al. Metal-organic framework derived honeycomb Co_9S_8@C composites for high-performance supercapacitors[J]. Advanced Energy Materials, 2018, 8(25): 1801080.

[70] LIN Y J, GAO Y, FAN Z Y. Printable fabrication of nanocoral-structured electrodes for high-performance flexible and planar supercapacitor with artistic design[J]. Advanced Materials, 2017, 29(43): 1701736.

[71] LIU J P, JIANG J, BOSMAN M, et al. Three-dimensional tubular arrays of MnO_2-NiO nanoflakes with high areal pseudocapacitance[J]. Journal of Materials Chemistry, 2012, 22(6): 2419-2426.

[72] XIAO J W, WAN L, YANG S H, et al. Design hierarchical electrodes with highly conductive NiCo2S4 nanotube arrays grown on Carbon fiber paper for high-performance pseudocapacitors[J]. NANO Letters, 2014, 14(2): 831-838.

[73] KYEREMATENG N A, BROUSSE T, PECH D. Microsupercapacitors as miniaturized energy-storage components for on-chip electronics[J]. Nature Nanotechnology, 2017, 12: 7-15.

[74] BEIDAGHI M, WANG C L. Micro-Supercapacitors based on interdigital electrodes of reduced graphene oxide and Carbon nanotube composites with ultrahigh power handling performance[J]. Advanced Functional Materials, 2012, 22(21): 4501-4510.

[75] WANG S, HSIA B, CARRARO C, et al. High-performance all solid-state micro-supercapacitor based on patterned photoresist-derived porous Carbon electrodes and an ionogel electrolyte[J]. Journal of Materials Chemistry a, 2014, 2(21): 7997-8002.

[76] HUANG P, LETHIEN C, PINAUD S, et al. On-chip and freestanding elastic carbon films for micro-supercapacitors[J]. Science, 2016, 351(6274): 691-695.

[77] CHOI K H, YOO J T, LEE C K, et al. All-inkjet-printed, solid-state flexible supercapacitors on paper[J]. Energy & Environmental Science, 2016, 9

(9): 2812-2821.

[78] LIU Z Y, WU Z S, YANG S, et al. Ultraflexible in-plane micro-supercapacitors by direct printing of solution-processable electrochemically exfoliated graphene[J]. Advanced Materials, 2016, 28(11): 2217-2222.

[79] SHI X Y, PEI S F, ZHOU F, et al. Ultrahigh-voltage integrated micro-supercapacitors with designable shapes and superior flexibility[J]. Energy Environ. Sci., 2019, 12(5): 1534-1541.

[80] EL-KADY M F, RICHARD B K. Direct laser writing of graphene electronics[J]. ACS NANO, 2014, 8(9): 8725-8729.

[81] EL-KADY M F, KANER R B. Scalable fabrication of high-power graphene micro-supercapacitors for flexible and on-chip energy storage[J]. Nature Communications, 2013, 4: 1475.

[82] EL-KADY M F, IHNS M, LI M P, et al. Engineering three-dimensional hybrid supercapacitors and microsupercapacitors for high-performance integrated energy storage[J]. Proceedings of the National Academy of Sciences of the United States of America, 2015, 112(14): 4233-4238.

[83] WU H, ZHANG W L, KANDAMBETH S, et al. Conductive metal-organic frameworks selectively grown on laser-scribed graphene for electrochemical microsupercapacitors [J]. Advance Energy Materials, 2019, 9(21): 1900482.

[84] GAO W, NEELAM S, SONG L, et al. Direct laser writing of micro-supercapacitors on hydrated graphite oxide films[J]. Nature Nanotechnology, 2011, 6(8): 496-500.

[85] WILLIAM S J, RICHARD E O. Preparation of graphitic oxide[J]. Journal of the American Chemical Society, 1958, 208(6): 1334-1339.

[86] HUANG L, LIU Y, JI L C, et al. Pulsed laser assisted reduction of graphene oxide[J]. Carbon, 2011, 49(7): 2431-2436.

[87] CHIEN C, HIRALAL P, WANG D, et al. Graphene-based integrated photovoltaic energy harvesting/storage device[J]. Small, 2015, 11(24): 2929-2937.

[88] STANKOVICH S, DMITRIY D A, RICHARD P D, et al. Synthesis of graphene-based nanosheets via chemical reduction of exfoliated graphite oxide [J]. Carbon, 2007, 45(7): 1558 – 1565.

[89] ZHENG Q F, CAI Z Y, MA Z Q, et al. Cellulose Nanofibril/reduced graphene oxide/carbon nanotube hybrid aerogels for highly flexible and all-solid-state supercapacitors[J]. ACS Appl. Mater. Interfaces, 2015, 7(5): 3263 – 3271.

[90] STRONG V, DUBIN S, EL-KADY M F, et al. Patterning and electronic tuning of laser scribed graphene for flexible all-carbon devices[J]. ACS NANO, 2012, 6(2): 1395 – 1403.

[91] KANG H S, KIM G I, KIM B, et al. Facile fabrication of flexible in-plane graphene micro-supercapacitor via flash reduction[J]. ETRI Journal, 2018, 40(2): 275 – 282.

[92] SUN H T, MEI L, LIANG J F, et al. Three-dimensional holey-graphene/niobia composite architectures for ultrahigh-rate energy storage[J]. Science, 2017, 356(6338): 599 – 604.

[93] LIU Y Q, WENG B, XU Q, et al. Facile fabrication of flexible microsupercapacitor with high energy density[J]. Advance Materials Technologies, 2016, 1(9): 1600166.

[94] 毛喜玲,牛婷婷,廉滋钰,等.一种原位生长构建高性能柔性复合电极材料的制备方法:中国,202410729106.9[P].2024.06.06.

[95] LEHTIMÄKI S, SUOMINEN M, DAMLIN P, et al. Preparation of supercapacitors on flexible substrates with electrodeposited PEDOT/graphene composites[J]. ACS Applied Materials & Interfaces, 2015, 7(40): 22137 – 22147.

[96] ALVI F, RAM M K, BASNAYAKA P A, et al. Graphene-polyethylenedioxythiophene conducting polymer nanocomposite based supercapacitor[J]. Electrochimica ACTA, 2011, 56(25): 9406 – 9412.

[97] CHEN Y, XU J H, MAO Y W, et al. Electrochemical performance of graphene-polyethylenedioxythiophene nanocomposites[J]. Materials Science and

Engineering: B, 2013, 178(17): 1152 – 1157.

[98] SCHAARSCHMIDT A, FARAH A A, ABY A, et al. Influence of nonadiabatic annealing on the morphology and molecular structure of PEDOT – PSS films[J]. The Journal of Physical Chemistry B, 2009, 113(28): 9352 – 9355.

[99] GARREAU S, LOUARN G, BUISSON J P, et al. In situ spectroelectrochemical raman studies of poly(3,4-ethylenedioxythiophene) (PEDT)[J]. Macromolecules, 1999, 32(20): 6807 – 6812.

[100] YOO D, KIM J, KIM J H. Direct synthesis of highly conductive poly(3,4-ethylenedioxythiophene): poly(4-styrenesulfonate) (PEDOT: PSS)/graphene composites and their applications in energy harvesting systems[J]. NANO Research, 2014, 7(5): 717 – 730.

[101] PENG Z W, YE R Q, JASON M A, et al. Flexible boron-doped laser-induced graphene microsupercapacitors[J]. ACS NANO, 2015, 9(6): 5868 – 5875.

[102] HAN Y Q, DING B, TONG H, et al. Capacitance properties of graphite oxide/poly(3,4-ethylene dioxythiophene) composites[J]. Journal of Applied Polymer Science, 2011, 121(2): 892 – 898.

[103] EL-KADY M F, STRONG V, DUBIN S, et al. Laser scribing of high performance and flexible graphene based electrochemical capacitors[J]. Science, 2012, 335(1326): 1326 – 1330.

[104] HUANG Y, LIANG J J, CHEN Y S. An overview of the applications of graphene-based materials in supercapacitors[J]. Small, 2012, 8(12): 1805 – 1834.

[105] MAO X L, YANG W Y, XIN H, et al. The preparation and characteristic of poly(3,4-ethylenedioxythiophene)/reduced graphene oxide nanocomposite and its application for supercapacitor electrode[J]. Materials Science and Engineering: B, 2017, 216: 16 – 22.

[106] ZUO Z C, JIANG Z Q, MANTHIRAM A. Porous B-doped graphene inspired by fried-ice for supercapacitors and metal-free catalysts[J]. Journal

of Materials Chemistry a, 2013, 1(43): 13476-13483.

[107] MENG Q H, WU H P, MENG Y N, et al. High-performance all-carbon yarn micro-supercapacitor for an integrated energy system[J]. Advanced Materials, 2014, 26(24): 4100-4106.

[108] WANG G K, SUN X, LU F Y, et al. Flexible pillared graphene-paper electrodes for high-performance electrochemical supercapacitors[J]. Small, 2012, 8(3): 452-459.

[109] YUAN L Y, XIAO X, DING T P, et al. Paper-based supercapacitors for self-powered nanosystems [J]. Angewandte Chemie, 2012, 124(20): 5018-5022.

[110] GAO Z, BUMGARDNER C, SONG N N, et al. Cotton-textile-enabled flexible self-sustaining power packs via roll-to-roll fabrication[J]. Nature Communications, 2016, 7: 11586.

[111] GU S S, LOU Z, LI L D, et al. Fabrication of flexible reduced graphene oxide/Fe_2O_3 hollow nanospheres based on-chip micro-supercapacitors for integrated photodetecting applications[J]. NANO Research, 2015, 9(2): 424-434.

[112] KABBANI M A, TIWARY C S, AUTRETO P S, et al. Ambient solid-state mechano-chemical reactions between functionalized Carbon nanotubes[J]. Nature Communications, 2015, 6: 7291.

[113] LEE G, KIM D, YUN J, et al. High-performance all-solid-state flexible micro-supercapacitor arrays with layer-by-layer assembled MWNT/MnO_x nanocomposite electrodes[J]. Nanoscale, 2014, 6(16): 9655-9664.

[114] LIU L B, YU Y, YAN C, et al. Wearable energy-dense and power-dense supercapacitor yarns enabled by scalable graphene-metallic textile composite electrodes[J]. Nature Communications, 2015, 6: 7260.

[115] ZHU J, TANG S, WU J, et al. Wearable High-Performance supercapacitors based on Silver-Sputtered textiles with $FeCo_2S_4$-$NiCo_2S_4$ composite Nanotube-Built multitripod architectures as advanced flexible electrodes[J]. Adv. Energy Mater., 2016, 7(2): 1-11.

[116] LI Z P, MI Y J, LIU X H, et al. Flexible graphene/MnO$_2$ composite papers for supercapacitor electrodes[J]. Journal of Materials Chemistry, 2011, 21(38): 14706-14711.

[117] SHAO Y L, EL-KADY M F, LIN C W, et al. 3D Freeze-casting of cellular graphene films for ultrahigh-power-density supercapacitors[J]. Advanced Materials, 2016, 28(31): 6719-6726.

[118] YU D S, GOH K, WANG H, et al. Scalable synthesis of hierarchically structured carbon nanotube-graphene fibres for capacitive energy storage[J]. Nature Nanotechnology, 2014, 9(7): 555-562.

[119] ZHANG C, XIAO J, QIAN L H, et al. Planar integration of flexible micro-supercapacitors with ultrafast charge and discharge based on interdigital nanoporous gold electrodes on a chip[J]. Journal of Materials Chemistry a, 2016, 4(24): 9502-9510.

[120] LI H Y, HOU Y, WANG F F, et al. Flexible all-solid-state supercapacitors with high volumetric capacitances boosted by solution processable MXene and electrochemically exfoliated graphene[J]. Advance Energy Materials, 2016, 7(4): 1601847.

[121] HU H B, HUA T. An easily manipulated protocol for patterning of MXenes on paper for planar micro-supercapacitors[J]. Journal of Materials Chemistry a, 2017, 5(37): 19639-19648.

[122] LI C, CONG S, TIAN Z N, et al. Flexible perovskite solar cell-driven photo-rechargeable lithium-ion capacitor for self-powered wearable strain sensors[J]. NANO Energy, 2019, 60: 247-256.

[123] XIE J Q, JI Y Q, KANG J H, et al. In situ growth of Cu(OH)$_2$@FeOOH nanotube arrays on catalytically deposited Cu current collector patterns for high-performance flexible in-plane micro-sized energy storage devices[J]. Energy & Environmental Science, 2019, 12: 194-205.

[124] ZHANG P P, WANG F X, YU M H, et al. Two-dimensional materials for miniaturized energy storage devices: from individual devices to smart integrated systems[J]. Chemical Society Reviews, 2018, 47(19): 7426

−7451.

[125] LIANG Y, ZHAO F, CHENG Z H, et al. Electric power generation via asymmetric moisturizing of graphene oxide for flexible, printable and portable electronics[J]. Energy & Environmental Science, 2018, 11(7): 1730−1735.

[126] LI W H, ZHOU Y L, HOWELL I R, et al. Direct imprinting of scalable, high-performance woodpile electrodes for three-dimensional lithium-ion nanobatteries[J]. ACS Applied Materials & Interfaces, 2018, 10(6): 5447−5454.

[127] FAN T T, SUN P, ZHAO J, et al. Facile synthesis of three-dimensional ordered porous amorphous Ni-P for high-performance asymmetric supercapacitors[J]. Journal of the Electrochemical Society, 2019, 166(2): D37−D43.

[128] HAO Z M, XU L, LIU Q, et al. On-chip Ni-Zn microbattery based on hierarchical ordered porous Ni@Ni(OH)$_2$ microelectrode with ultrafast ion and electron transport kinetics[J]. Advanced Functional Materials, 2019, 29(16): 1808470.

[129] YAO Y W, HUANG C J, CHEN X, et al. Preparation and characterization of a porous structure PbO$_2$−ZrO$_2$ nanocomposite electrode and its application in electrocatalytic degradation of crystal violet[J]. Journal of the Electrochemical Society, 2017, 164(12): E367−E373.

[130] LI M, MENG J S, LI Q, et al. Finely crafted 3D electrodes for dendrite-free and high-performance flexible fiber-shaped Zn-Co batteries[J]. Advanced Functional Materials, 2018, 28(32): 1802016.

[131] XU J S, SUN Y D, LU M J, et al. Fabrication of the porous MnCo$_2$O$_4$ nanorod arrays on Ni foam as an advanced electrode for asymmetric supercapacitors[J]. ACTA Materialia, 2018, 152: 162−174.

[132] SONG Y, BIAN C, HU J F, et al. Porous polypyrrole/graphene oxide functionalized with carboxyl composite for electrochemical sensor of trace Cadmium (Ⅱ)[J]. Journal of the Electrochemical Society, 2019, 166(2):

B95 – B102.

[133] SYGLETOU M, PETRIDIS C, KYMAKIS E, et al. Advanced photonic processes for photovoltaic and energy storage systems[J]. Advanced Materials, 2017, 29(39): 1700335.

[134] LIN J, PENG Z W, LIU Y Y, et al. Laser-induced porous graphene films from commercial polymers[J]. Nature Communications, 2014, 5: 5714.

[135] WU D, ZHANG J, DONG W L, et al. Temperature dependent conductivity of vapor-phase polymerized PEDOT films[J]. Synthetic Metals, 2013, 176: 86 – 91.

[136] CHRISTOPHER M M, KARIUKI P N, GENDRON J, et al. Vapor phase polymerization of poly(3,4-ethylenedioxythiophene) on flexible substrates for enhanced transparent electrodes[J]. Synthetic Metals, 2011, 161(13-14): 1159 – 1165.

[137] D'ARCY J M, ELKADY M F, KHINE P P, et al. Vapor-phase polymerization of nanofibrillar poly(3,4-ethylenedioxythiophene) for supercapacitors [J]. ACS NANO, 2014, 8(2): 1500 – 1510.

[138] TONG L Y, SKORENKO K H, FAUCETT A C, et al. Vapor-phase polymerization of poly(3,4-ethylenedioxythiophene)(PEDOT) on commercial Carbon coated Aluminum foil as enhanced electrodes for supercapacitors [J]. Journal of Power Sources, 2015, 297: 195 – 201.

[139] YU X, SU X, YAN K, et al. Stretchable, conductive, and stable PEDOT-Modified textiles through a novel in situ polymerization process for stretchable supercapacitors [J]. Advanced Materials Technologies, 2016, 1 (2): 1600009.

[140] ZHAO X, DONG M Y, ZHANG J X, et al. Vapor-phase polymerization of poly(3, 4-ethylenedioxythiophene) nanofibers on Carbon cloth as electrodes for flexible supercapacitors[J]. Nanotechnology, 2016, 27: 385705.

[141] MAO X L, HE X, XU J H, et al. Three-dimensional reduced graphene oxide/poly(3,4-ethylenedioxythiophene) composite open network architectures for microsupercapacitors [J]. Nanoscale Research Letters, 2019,

14: 267.

[142] KIM J, KIM E, WON Y, et al. The preparation and characteristics of conductive poly(3,4-ethylenedioxythiophene) thin film by vapor-phase polymerization[J]. Synthetic Metals, 2003, 139(2): 485-489.

[143] SU Y, JIA S, DU J H, et al. Direct writing of graphene patterns and devices on graphene oxide films by inkjet reduction[J]. NANO Research, 2015, 8(12): 3954-3962.

[144] MARTIN D C, WU J H, CHARLES M S, et al. The morphology of poly(3,4-Ethylenedioxythiophene)[J]. Polymer Reviews, 2010, 50(3): 340-384.

[145] GRECZYNSKI G, KUGLER T, SALANECK W R. Characterization of the PEDOT-PSS system by means of X-ray and ultraviolet photoelectron spectroscopy[J]. Thin Solid Films, 1999, 354(1/2): 129-135.

[146] HAN J H, LIN Y, CHEN L Y, et al. On-chip micro-pseudocapacitors for ultrahigh energy and power delivery[J]. Advanced Science, 2015, 2(5): 1500067.

[147] XU H H, HU X L, YANG H L, et al. Flexible asymmetric micro-supercapacitors based on Bi_2O_3 and MnO_2 nanoflowers: larger areal mass promises higher energy density[J]. Advanced Energy Materials, 2014, 5(6): 1401882.

[148] TANG J Y, YUAN P, CAI C L, et al. Combining nature-inspired, graphene-wrapped flexible electrodes with nanocomposite polymer electrolyte for asymmetric capacitive energy storage[J]. Advanced Energy Materials, 2016, 6(19): 1600813.

[149] SONG Z Q, FAN Y Y, SUN Z H, et al. A new strategy for integrating superior mechanical performance and high volumetric energy density into a Janus graphene film for wearable solid-state supercapacitors[J]. Journal of Materials Chemistry a, 2017, 5: 20797-20807.

[150] SI W P, YAN C L, CHEN Y, et al. On chip, all solid-state and flexible micro-supercapacitors with high performance based on MnO_x/Au multilayers

[J]. Energy & Environmental Science, 2013, 6(11): 3218-3223.

[151] PENG Y, AKUZUM B, KURRA N, et al. All-MXene (2D Titanium carbide) solid-state microsupercapacitors for on-chip energy storage[J]. Energy & Environmental Science, 2016, 9(9): 2847-2854.

[152] LE V T, KIM H, GHOSH A, et al. Coaxial fiber supercapacitor using all-carbon material electrodes[J]. ACS NANO, 2013, 7(7): 5940-5947.

[153] KOU L, HUANG T Q, ZHENG B N, et al. Coaxial wet-spun yarn supercapacitors for high-energy density and safe wearable electronics[J]. Nature Communications, 2014, 5: 3754.

[154] XIAO X, LI T Q, YANG P H, et al. Fiber-based all-solid-state flexible supercapacitors for self-powered systems[J]. ACS NANO, 2012, 6(10): 9200-9206.

[155] XIE B H, WANG Y, LAI W H, et al. Laser-processed graphene based micro-supercapacitors for ultrathin, rollable, compact and designable energy storage components[J]. NANO Energy, 2016, 26: 276-285.

[156] JIANG W C, ZHAI S L, QIAN Q H, et al. Space-confined assembly of all-carbon hybrid fibers for capacitive energy storage: realizing a built-to-order concept for micro-supercapacitors[J]. Energy & Environmental Science, 2016, 9(2): 611-622.

[157] HOU J G, WU Y Z, CAO S Y, et al. Active sites intercalated ultrathin carbon sheath on nanowire arrays as integrated core-shell architecture: highly efficient and durable electrocatalysts for overall water splitting[J]. Small, 2017, 13(46): 1702018.

[158] HOU J G, SUN Y Q, WU Y Z, et al. Promoting active sites in core-shell nanowire array as mott-schottky electrocatalysts for efficient and stable overall water splitting[J]. Advanced Functional Materials, 2017, 28(4): 1704447.

[159] HEUN P, WOOK K J, YEONG H S, et al. Microporous polypyrrole-coated graphene foam for high-performance multifunctional sensors and flexible supercapacitors[J]. Advanced Functional Materials, 2018, 28(33):

1707013.

[160] LI L, FU C W, LOU Z, et al. Flexible planar concentric circular micro-supercapacitor arrays for wearable gas sensing application[J]. NANO Energy, 2017, 41(2017): 261-268.

[161] PAN Z H, ZHI H Z, QIU Y C, et al. Achieving commercial-level mass loading in ternary-doped holey graphene hydrogel electrodes for ultrahigh energy density supercapacitors[J]. NANO Energy, 2018, 46: 266-276.

[162] XU Y X, LIN Z Y, ZHONG X, et al. Holey graphene frameworks for highly efficient capacitive energy storage[J]. Nature Communications, 2014, 5: 4554.

[163] ZHANG L L, ZHAO X, STOLLER M D, et al. Highly conductive and porous activated reduced graphene oxide films for high-power supercapacitors [J]. NANO Letters, 2012, 12(4): 1806-1812.

[164] PENG L L, XIONG P, MA L, et al. Holey two-dimensional transition metal oxide nanosheets for efficient energy storage[J]. Nature Communications, 2017, 8: 15139.

[165] PENG L L, FANG Z W, ZHU Y, et al. Holey 2D nanomaterials for electrochemical energy storage [J]. Advanced Energy Material, 2017, 8 (9): 1702179.

[166] LI W, ZHOU M, LI H M, et al. A high performance sulfur-doped disordered Carbon anode for Sodium ion batteries[J]. Energy & Environmental Science, 2015, 8(10): 2916-2921.

[167] YANG J, YU C, FAN X M, et al. Electroactive edge site-enriched nickel-cobalt sulfide into graphene frameworks for high-performance asymmetric supercapacitors [J]. Energy & Environmental Science, 2016, 9(4): 1299-1307.

[168] ZHANG X, LIU S W, ZANG Y P, et al. Co/Co$_9$S$_8$@S,N–doped porous graphene sheets derived from S, N dual organic ligands assembled Co–MOFs as superior electrocatalysts for full water splitting in alkaline media [J]. NANO Energy, 2016, 30: 93-102.

[169] LI D, ZHANG K X, LIN C, et al. Formation of three-dimensional hierarchical pompon-like Cobalt phosphide hollow microspheres for asymmetric supercapacitor with improved energy density [J]. Electrochimica ACTA, 2019, 299: 62-71.

[170] NOMURA K, NISHIHARA H, KOBAYASHI N, et al. 4.4 V supercapacitors based on super-stable mesoporous Carbon sheet made of edge-free graphene walls [J]. Energy & Environmental Science, 2019, 12: 1542-1549.

[171] PENG Z Y, HU Y J, WANG J J, et al. Fullerene-based in situ doping of N and Fe into a 3D cross-like hierarchical Carbon composite for high-performance supercapacitors [J]. Advanced Energy Materials, 2019, 9(11): 1802928.

[172] DUAN X G, O'DONNELL K, SUN H Q, et al. Sulfur and Nitrogen Co-doped graphene for metal-free catalytic oxidation reactions [J]. Small, 2015, 11(25): 3036-3044.

[173] ZHONG H X, LI K, ZHANG Q, et al. In situ anchoring of Co_9S_8 nanoparticles on N and S co-doped porous Carbon tube as bifunctional Oxygen electrocatalysts [J]. NPG ASIA Materials, 2016, 8: e308.

[174] WANG H, XIE K Y, YOU Y, et al. Realizing interfacial electronic interaction within ZnS quantum Dots/N-rGO heterostructures for efficient Li-CO_2 batteries [J]. Advanced Energy Materials, 2019, 9(34): 1901806.

[175] LI G, LUO D, WANG X L, et al. Enhanced reversible sodium-ion intercalation by synergistic coupling of few-layered MoS_2 and S-doped graphene [J]. Advanced Functional Materials, 2017, 27(40): 1702562.

[176] LIN X D, YUAN R M, CAI S R, et al. An open-structured matrix as oxygen cathode with high catalytic activity and large Li_2O_2 accommodations for lithium-oxygen batteries [J]. Advanced Functional Materials, 2018, 8(18): 1800089.

[177] ZHI M J, MANIVANNAN A, MENG F K, et al. Highly conductive electrospun Carbon nanofiber/MnO_2 coaxial nano-cables for high energy and power

density supercapacitors[J]. Journal of Power Sources, 2012, 208: 345 - 353.

[178] HUANG J, WEI J C, XIAO Y B, et al. When Al-doped cobalt sulfide nanosheets meet nickel nanotube arrays: A highly efficient and stable cathode for asymmetric supercapacitors [J]. ACS NANO, 2018, 12 (3): 3030 - 3041.

[179] LIU F F, LIU Y C, ZHAO X D, et al. Pursuit of a high-capacity and long-life Mg-storage cathode by tailoring sandwich-structured MXene@ Carbon nanosphere composites [J]. Journal of Materials Chemistry a, 2019, 7 (28): 16712 - 16719.

[180] KIM H, COOK J B, LIN H, et al. Oxygen vacancies enhance pseudocapacitive charge storage properties of MoO_{3-x}[J]. Nature Materials, 2016, 16: 454 - 460.

[181] SHAO Y L, EL-KADY M F, SUN J Y, et al. Design and mechanisms of asymmetric supercapacitors [J]. Chemical Reviews, 2018, 118 (18): 9233 - 9280.

[182] ZHOU Y, WANG X X, ACAUAN L, et al. Ultrahigh-areal-capacitance flexible supercapacitor electrodes enabled by conformal P3MT on horizontally aligned carbon-nanotube arrays [J]. Advanced Materials, 2019, 31 (30): 1901916.

[183] YANG J, YU C, FAN X M, et al. Electroactive edge site-enriched nickel-cobalt sulfide into graphene frameworks for high-performance asymmetric supercapacitors[J]. Energy & Environmental Science, 2016, 9(4): 1299 - 1307.

[184] QIN K Q, LIU E Z, LI J J, et al. Free-standing 3D nanoporous duct-like and hierarchical nanoporous graphene films for micron-level flexible solid-state asymmetric supercapacitors[J]. Advanced Energy Materials, 2016, 6 (18): 1600755.

[185] WANG W, CHEN L J, QI J Q, et al. All-solid-state asymmetric supercapacitor based on N-doped activated Carbon derived from polyvinylidene flu-

oride and ZnCo$_2$O$_4$ nanosheet arrays[J]. Journal of Materials Science: Materials in Electronics, 2018, 29(3): 2120 – 2130.

[186] XIAO Y H, CAO Y B, GONG Y Y, et al. Electrolyte and composition effects on the performances of asymmetric supercapacitors constructed with Mn$_3$O$_4$ nanoparticles-graphene nanocomposites [J]. Journal of Power Sources, 2014, 246: 926 – 933.

[187] TANG C H, TANG Z, GONG H. Hierarchically porous Ni – Co oxide for high reversibility asymmetric full-cell supercapacitors[J]. Journal of the Electrochemical Society, 2012, 159(5): A651 – A656.

[188] SALUNKHE R R, TANG J, KAMACHI Y, et al. Asymmetric supercapacitors using 3D nanoporous Carbon and Cobalt oxide electrodes synthesized from a single metal-organic framework[J]. ACS NANO, 2015, 9(6): 6288 – 6296.

[189] LI H B, YU M H, WANG F X, et al. Amorphous Nickel hydroxide nanospheres with ultrahigh capacitance and energy density as electrochemical pseudocapacitor materials[J]. Nature Communications, 2013, 4: 1894.

[190] GAO H C, XIAO F, CHING C B, et al. High-performance asymmetric supercapacitor based on graphene hydrogel and nanostructured MnO$_2$ [J]. ACS Applied Materials & Interfaces, 2012, 4(5): 2801 – 2810.

[191] CHEN Y W, HU R, QI J Q, et al. Sustainable synthesis of N/S-doped porous carbon sheets derived from waste newspaper for high-performance asymmetric supercapacitor [J]. Materials Research Express, 2019, 6(9): 095605.

[192] YUE S, TONG H, LU L, et al. Hierarchical NiCo$_2$O$_4$ nanosheets/nitrogen doped graphene/carbon nanotube film with ultrahigh capacitance and long cycle stability as a flexible binder-free electrode for supercapacitors[J]. Journal of Materials Chemistry a, 2017, 5(2): 689 – 698.

[193] MAO X L, XIN H, YANG W Y, et al. Hierarchical holey Co$_9$S$_8$@S – rGO hybrid electrodes for high-performance asymmetric supercapacitors [J]. Electrochimica ACTA, 2019, 328: 135078.

[194] LIU H, MAO X L, JIANG S W. Influence of substrate temperature on the microstructure of YSZ films and their application as the insulating layer of thin film sensors for harsh temperature environments[J]. Ceramics International, 2022, 48(10): 13524-13530.

[195] LIU H, MAO X L, JIANG S W. Effect of thermally grown Al_2O_3 on electrical insulation properties of thin film sensors for high temperature environments[J]. Sensors and Actuators a: Physical, 2021, 331: 113033.

[196] LIU H, MAO X L, CUI J T, et al. Investigation of high temperature electrical insulation property of MgO ceramic films and the influence of annealing process[J]. Ceramics International, 2019, 48(18): 22434-24343.

[197] LIU H, MAO X L, CUI J T, et al. Influence of a heterolayered Al_2O_3-ZrO_2/Al_2O_3 ceramic protective overcoat on the high temperature performance of PdCr thin film strain gauges[J]. Ceramics International, 2019, 45(13): 16489-16495.

[198] LIU H, MAO X L, YANG Z B, et al. High temperature static and dynamic strain response of PdCr thin film strain gauge prepared on Ni-based superalloy[J]. Sensors and Actuators a: Physical, 2019, 298: 111571.

[199] LIU H, MAO X L, CUI J T, et al. Effect of thickness on the electrical properties of PdCr strain sensitive thin film[J]. Journal of Materials Science: Materials in Electronics, 2019, 30(11): 10475-10482.